普通高等教育艺术设计类 · 新形态教材 ·

一流专业
与
一流课程
系列
建设

U0167400

案例视频版

文化空间设计

任光培　胡林辉　朱逸彤　著

中国水利水电出版社
www.waterpub.com.cn
·北京·

内 容 提 要

　　本书系统介绍文化空间设计的概念、方法，重点介绍设计案例。全书共分为四部分，分别为文化空间概述、文化空间发展趋势、文化空间案例分析以及案例赏析。作者以多年从事教学与设计的实践经验，理论联合实际，图文并茂地通过大量实践案例，介绍文化空间设计全过程——从项目现场考察、测绘，前期概念草图、分析图表达，到施工现场、施工节点，最后到项目完成落地。通过真实、完整的项目案例，读者可以认识设计的意义和方法。

　　本书配有多媒体课件、案例视频等数字内容资源，扫描书中二维码，可在移动客户端观看学习；获取封底激活码，即可线上阅读数字教材。

　　本书可作为环境设计、建筑设计、室内设计、园林景观设计类专业教材使用，也可供相关从业人员参考。

图书在版编目（CIP）数据

文化空间设计 : 案例视频版 / 任光培，胡林辉，朱逸彤著. -- 北京 : 中国水利水电出版社，2022.10
　　普通高等教育艺术设计类新形态教材　一流专业与一流课程建设系列教材
　　ISBN 978-7-5226-1034-4

　Ⅰ. ①文… Ⅱ. ①任… ②胡… ③朱… Ⅲ. ①服务建筑－室内装饰设计－高等学校－教材 Ⅳ. ①TU247.3

中国版本图书馆CIP数据核字（2022）第186999号

书　　名	普通高等教育艺术设计类新形态教材 一流专业与一流课程建设系列教材 **文化空间设计（案例视频版）** WENHUA KONGJIAN SHEJI（ANLI SHIPINBAN）
作　　者	任光培　胡林辉　朱逸彤　著
出版发行	中国水利水电出版社 （北京市海淀区玉渊潭南路1号D座　100038） 网址：www.waterpub.com.cn E-mail：sales@mwr.gov.cn 电话：（010）68545888（营销中心）
经　　售	北京科水图书销售有限公司 电话：（010）68545874、63202643 全国各地新华书店和相关出版物销售网点
排　　版	中国水利水电出版社微机排版中心
印　　刷	北京科信印刷有限公司
规　　格	210mm×285mm　16开本　11印张　346千字
版　　次	2022年10月第1版　2022年10月第1次印刷
印　　数	0001—3000册
定　　价	**78.00元**

序

有人说，21 世纪是城市的世纪，也是文化的世纪。城市里，最珍贵的资产其实是人，而人最重要的素养是精神与心灵充满人文情怀与文艺气息，这样才能共同创造文明的城市，才有机会成就城市的文明。文化的本质是爱、善与美，文化的终极关怀是人。城市文化是加快特色城市建设步伐的重要因素之一，也是科学方法之一。城市文化是一个城市的历史记忆，是赓续发展的基本支点。一个城市的文化品质直接关系到它的经济品质、建筑品质、审美品质及精神品质。

人类有史以来所有的文化活动都在不同的空间里面进行，城市的文化空间是城市活力的集中体现，具有自然与人文特色，而空间的灵魂、空间的表情、空间的气质则触动着万千市民的生命容颜。

城市文化空间设计需要赓续文化根脉，"让城市留住记忆，让人们记住乡愁"；城市文化空间设计也需要创新，为城市增添活力，为生活筑造精彩。"创新"是 21 世纪以来人们使用频率最高的词汇，但创新有形式上的创新，有本质上的创新，即"形"与"意"的创新。空间的创新不仅是简单的"形"的创新，更是"意"的表达，当我们把创新运用到城市文化空间设计领域时，我们相信这个创新应该致力于追求理想、改善生存的品质、优化生活的气质、提升生命的价值。文化是需要时间来积累的，文化也更需要我们付出热情去创造。

《文化空间设计》一书的作者长期从事建筑与空间环境设计的教学与设计实践，该书是他们对多年教学与设计实践进行总结，编写的有关文化空间设计分析的新作，其中收录了作者及其设计团队关于文化空间的前沿性、原创性成果。该书以独到的空间见解、丰厚的文化内涵、创新的设计成果为特色，贴合设计创新和专业教学创新发展要求，可以作为高等教育环境设计、建筑设计、室内设计、园林景观设计等专业的教材，以及相关从业人员的学习和设计参考书籍。

是为序。

广东工业大学教授　黄华明

2022 年 4 月

前　言

空间是建筑的灵魂，是人与环境和谐共生的媒介，也是人类艺术与物质技术相结合的产物。文化空间设计是文化＋空间的设计，其目的是为了创造满足人的物质和精神需求的生活环境。

设计离不开生活，好的设计更是离不开丰富的生活体验与生活感受。笔者参与了很多建筑与环境设计实践活动，同时也游历了一些国家和地区，从亚洲的新加坡、马来西亚、日本、泰国、柬埔寨、中国台湾，到欧洲的芬兰、丹麦、瑞典、法国、荷兰、捷克、斯洛伐克、爱沙尼亚、拉脱维亚、奥地利、匈牙利等，从各地著名大学的校园到博物馆、美术馆以及城市建筑、人文景观……所到之处，无不感受到设计文化带给人的震撼与触动，也更加深刻地体会到设计从人的需求出发、从人的生活开始、以人为本的初衷。

在游历期间，笔者对城市文化空间设计的兴趣日渐浓厚。印象最深的是芬兰图尔库市图书馆，它是一个新建图书馆与一个有着百年历史的旧图书馆相辅相成的文化空间营造的典范，创建了一个面向未来的新型图书馆，也考虑了原有图书馆悠久、丰富的历史文化的赓续，成功地将过去与未来这两个看似对立的因素和谐地融为一体。

另一个优秀的文化空间案例是荷兰代尔夫特理工大学图书馆，它是一座由玻璃和草木构成的建筑物，是一座未来主义建筑。它的设计十分独特，其建筑主体隐藏在地面之下，因而人们看不到图书馆的真面目。最有趣之处在于，它的屋顶是一个长满青草的小山坡，师生们在小山坡上交流，或是休息，或是学习，或是发呆……形成了一幅幅生动有趣的画面。沿着低矮的入口步入图书馆室内，宽敞的内部空间让人感觉豁然开朗，心情愉悦。入口的对面是一面高达四层的深蓝色书柜墙，令人联想到知识的海洋。室内中央的圆锥形玻璃屋顶耸入天空，将阳光与空气引入室内，暖色调的家具使整个空间氛围更加温暖与舒适。

近年来，我国国内也涌现不少文化空间设计的优秀案例，如落成不久、由日本著名建筑师安藤忠雄设计的广东顺德和美术馆，新近建成开放、由我国著名建筑师马岩松设计的海口云洞图书馆……这些作品都将地域文化融入了城市公共空间设计之中，彰显了城市文化空间特色。

如何将地域文化运用于城市公共空间设计中，是环境设计实践和教学都要直面的问题。笔者认为，设计专业教育尤其要重视教学中的理论与实际相结合，要强调设计实战与设计体验。多年来，笔者带领设计团队及学生，从理论研究和设计实践两个方面对文化空间设计进行了有益的尝试，探索出一套基于文化空间的设计方法范式。

本书前3章结合经典案例，主要介绍文化空间设计相关理论，分析理论在设计中的应用；第4章为案例赏析，其中作品均为笔者携手设计团队一起完成的实际工程项目成果。前3章中的图片大部分由本书作者自行拍摄，部分由学生提供；第4章中的图片全部由项目团队拍摄、团队成员和学生友情出镜，在此一并表示感谢！

本书的编写历时一年多，其间得到广东工业大学艺术与设计学院领导和同事的支持与帮助，在此表示衷心的感谢！同时，还要感谢黄颖越、魏湾、叶杏桃，以及方所设计团队的全体同事！

由于作者水平有限，书中难免存在错漏之处，敬请同行专家和广大读者批评指正。

任光培

2022 年 4 月于广东工业大学

目录

1 文化空间概述

　　城市作为一个空间维度，不仅在社会层面上具有不可复制的多元性，而且在文化沉淀方面也具有其独特之处。城市生活持续地激发着文化艺术的活力，文化艺术又不断地丰富着城市生活的内容和意义。对发生于城市社会的种种文化现象进行追踪和分析，一方面能从动态变迁的角度理解城市文化；另一方面，通过对城市文化的分析，可以认识和领会城市文化的丰富性、多元性，以及在变动不居的时代背景下城市文化生产主体如何构建"自我"身份认同。

1.1　作为社会过程的城市文化空间

　　城市中，不同的文化空间艺术区（图1.1）、美术馆（图1.2）等文化空间反映了城市的复杂性和多元性。对于城市，我们不能将它看作乡村的对立面，而应根据其文化和经济特征来界定，尤其是在信息化飞速发展的时代，普遍意义上的城市化和学界对城市、乡村

的解释，使我们很难凭经验对二者作出区分。与封闭、稳定的乡村文化相比，城市纷繁复杂的生活娱乐方式实际上与城市的社会结构相关，我们虽无法穷尽城市文化的内容，却可通过探究城市文化现象产生的原因和变化过程。来认识和理解城市文化空间的建构。

　　作为城市文化的载体，城市文化空间是丰富多样的，其常见的类型有城市景观、城市建筑、城市风貌等，它们以物质的形态承载着城市文化要素，展现城市文化面貌，丰富社会大众精神生活，是城市精神品质的直观体现。城市文化建设虽依托于城市文化积淀，但必须以城市文化空间的拓展为手段，通过对这些具有鲜明物质载体的文化类型进行设计，赋予其鲜明、具体的形象，才能让人们直观地感知城市的内在文化和精神品质。

　　有学者认为"被发明的传统"以各种典礼和仪式的方式进入社会精神领域，充当着意识形态的宣传工具

图1.1　德国红点博物馆艺术区

图 1.2 广东顺德和美术馆

或旅游、观光、休闲产业的试金石，它们与现实生活只是一种肤浅的利用关系。但"传统的发明"是无法避免的，现在的人们经常按照自己不断变化的多样化的见解有意识或无意识地重新塑造着过去。在现代化语境中，文化空间除了承载人们感怀过去、慰藉乡愁的记忆和想象外，还体现了文化变迁中不同价值观的交织与影响。"传统的发明"也不只与现实生活是一种肤浅的利用关系，它还是现代社会的一种表达方式，是构建社会意义的过程。

在"发明"与"传统"之间，人们似乎总是抗拒两者的关联性，认为"原生态""本真性"才应是传统的代名词。这种心态除了人们对于"过去"的想象外，还与长期以来人们对文化概念的理解有关。无论是人类学家泰勒关于文化是复杂整体的经典定义，还是《现代汉语词典》中的"文化是精神财富和物质财富总和"的定义，都倾向于认为文化是静止的整体或总和。这也是结构功能学派备受批驳的原因，因为在现实生活中，绝对封闭、静止的文化是不存在的，文化就是处于不断变化且持续发展的进程之中。人们倾向于将"传统文化"与过去、静止联系在一起，人类学家泰勒也

认为文化是稳定、静止的整体或总和。以静态或封闭的视角去看文化，就会将"传统"视为静止、封闭的存在，并将"传统"与"现代"完全对立起来。事实上，传统是现存的过去，但它又与任何新事物一样，是现在的一部分。

文化并不是一种本质主义的理解，而是一种不断变动的社会过程。从来就没有统一而凝固的文化质性，它更多地呈现为一种生成流动的经验集合体。文化是一个不断变化且持续进行的"过程"，而且其变化是非线性且不定向的。

文化传统也并不是一种既定不变的文化模式，不断变化反而是文化传统的基本特征，这种变化来自各方力量对文化的生产与再生产。文化传统固然是一个社会建构，但并不是那种简单的权力关系或无中生有的创造，而更多的是在不同的具体社会场景中延续已有的文化脉络进行的创制。"传统"不是凝固的、静止的、铁板一块的，也不是时空上的单一化的历史内容，它与"现实"之间也不总是有清晰、绝对的界限。因此，文化空间可以较好地诠释文化传统的延续性。

图 1.3 日本美秀美术馆室内

1.2 城市文化生产主体的认同构建

城市文化生产的主体可以分为文化艺术工作者、文化组织或机构、消费者三类。这三类主体被纳入城市文化生产、传播、消费体系中，相互依存、相互影响。在城市中，文化艺术工作者（如北京宋庄艺术区的画家们）以创造文化产品为职业；文化组织或机构主要从事选择、整合、流通文化艺术产品类的文化生产以符合社会语境；消费者虽然常被视为被动地接受文化产品，但是在现代城市中，其作为生产主体的特点日益增强。大众作为消费的主体，其消费的主动性仍然存在，而且发挥着越来越多的作用。有学者认为大众文化是从内部和底层创造出来的，而不是像大众文化理论家所认为的是从外部和上层强加的。因此，从某种程度上说，文化产品的消费者也是文化生产的主体。

从人类认知的角度讲，人类把世界分类，分成不同的对象和关系，这是认知上的一项成就。人类通过这种方法在环境中创造秩序与身份，使之化为社会文化。

这是因为在任何文化中，自我总是相对于他者被辩证地定义，不管这个他者是一个给定的社会情境中的其他个体，还是其他民族。城市文化生产主体既对身边的物进行生产、分类、收集，创造并挑选出文化遗产或艺术品，同时他们也对人进行分类，在混杂的人群中构建一个个具有不同价值观、身份认同感的圈子。

都市审美文化是都市文化群落认同自身、区别他人的标志。布尔迪厄就提出阶级与各种艺术的欣赏、审美之间存在联系，他认为"趣味（也就是表现出来的偏好）是一种不可避免的差别的实践证明"。文化生产主体基于共同的"趣味"或信仰构建社群，凭借文化艺术以追寻确定的归属感和身份认同感。共同体对于现代都市人而言，其价值在于它的象征力量所带来的认同感与归属感，并以此来抗拒分裂动荡的现代性体验。

同时，城市文化对于建构人们的城市认同，乃至民族认同、国家认同都有非常积极的作用。如日本美秀美术馆（图1.3）、音乐展演（图1.4），都属于城市景观中的一部分，成为城市文化中的象征符号，增强了人们对该城市的好感和认同。文化空间的建设是全球化背景下凸显地方性的过程，无论是国家还是地方，甚至社区，都在通过这一文化资本来构建身份认同，以区别于"他者"。

总之，城市文化并不等于城市空间中简单的文化综合物，而是不断流变的动态社会过程，传统的再造也是这个过程中的产物和实践。社会历史变迁使城市文化生产的多元主体在文化生产过程中呈现出彼此渗透且更为复杂的意义生产的特点，不同语境下，城市文化不同的价值观相互碰撞、交融，主体通过对城市文化的生产与想象，构建自身的身份认同，从而达到社会结构秩序的稳定、确定。

图1.4 音乐展演

2 文化空间发展趋势

2.1　城市文化动力机制

文化在城市建设中发挥着越来越重要的作用,21世纪的优秀城市将是那些学会了怎样战胜文化挑战的城市。芒福德、弗里德曼、科尔等著名城市规划师都把城市文化作为城市规划与建设的重要部分。芒福德还把"文化传播与交流""文化创造与发展"定义为城市的最基本功能。国内学者也提出了重视文化内涵、重视天人合一的生态城市建设,重视人文城市建设彰显生活气息、展示与吸收外来文化等观点。但总体来看,城市文化建设缺乏深入的文化建设原理作为指导,导致在实践过程中,城市文化建设成为一种媒体造势,即从表面的媒介传播来营造城市文化,文化建设效果不明显,持续不长久。

为了避免资源的无序浪费,无论是城市的文化规划、城市的总体设计还是阶段性战略的制定,都需要进一步理解文化建设的原理——文化动力机制,而这些都依赖于一个科学的理论作为基础。突破城市文化建设的宏观价值与作用,进行深入分析,我们不难发现,城市文化建设是组织与制度统筹下的文化空间集群运动,通过媒介传播效果的循环、稳定的媒介传播空间、市民与游客的文化消费相互影响等得以实现。

总的来说,城市文化建设的作用有以下几点:

(1)文化建设能升级城市内涵。由城市历史、环境、传统、惯例等组成的城市"天赋",在城市品牌内涵塑造下,能够把城市宝贵文化遗产推向一个新的高度,赋予城市地方特色,如温哥华格兰维尔岛的改造(图2.1)。

(2)文化建设能赋予城市活力。首先,活力源于文化参与。文化建设有利于市民对文化教育的关注与参与,进而促进城市人文精神的塑造与公民素质的提升,进一步为城市提供精神支柱与创意来源。其次,活力源自创新,多元化背景的人们在空间中的相遇、多元化的组织协同合作是创新的发生逻辑,而文化对空间的塑造、对政策机制的影响,是创新发生的前提。最后,社会层面的市民健康指数、幸福指数以及社会和谐与凝聚力在文化建设过程中也能得到加强,它们让城市空间生机勃勃,如温哥华福溪沿岸的开发(图2.2)。

(3)文化建设给城市带来产品属性。以城市独特的文化精神为基础造就地方文化属性,能够与地方产业形成文化协同优势直接影响地方文化经济,让批量生

图2.1　温哥华格兰维尔岛

图 2.2 温哥华福溪沿岸

产变得更加专业与更具地域属性，形成如日本的精细、德国的硬朗、意大利的高品质般的地方竞争力。

（4）文化建设能指导城市空间布局。文化驱动并非抽象的概念，它是空间生产中具体的展示。街道、天际线、主干道的设计与系统分级，旧城改造、新城重建等问题，均依赖于城市文化的引导。

（5）文化建设能定义城市景观。通过全媒介呈现的市容景观是诉求城市品牌内涵的具体方式。媒介景观所蕴含的城市品牌个性、品牌承诺、品牌实质等是城市文化表征的具体内涵，建筑形态、户外媒体呈现、城市户外雕塑艺术品、大众媒体与新媒体呈现等都需要在文化的指导下进行景观设计、再生与创造，共同表达城市品牌内涵与精神。

（6）文化建设能带动城市产业的发展。文化建设通常叠加于产业地理区位之上，主导产业集聚所带来的集群效应，如丹麦哥本哈根港口的建设（图2.3）。通过组织机制让产业原本分离的工作状态组合为同质化很高的集体，让它们进行互补与合作，在共享的价值

与兴趣下与政府部门一起承担起城市文化建设的任务。另外，文化能为产业带来一种精神气质，如美国旧金山的硅谷精神强调"创新"与"创业"，这种精神鼓舞了硅谷内企业"吾不创新宁死"的行事风格，整个城市的新材料、新技术、新模式等高科技产业在这种精神的影响下都得到了进一步发展，从而使旧金山这座城市体现出浓厚的创业氛围和推崇科技创新的城市文化，进一步鼓舞了产业内的创新与创意，大量资本云集推动了产业的发展。

上述六点较为全面地体现了文化建设对城市建设起到的灵魂作用。我国由于经济建设起步晚、区域发展不平衡、人口密集，文化建设相较于西方城市，难度更大，现阶段我国文化建设面临的挑战是空前的。这些挑战包括：空间横向开发需要向空间紧凑型开发转变；物质实体空间规划需要向精神文明建设转变；粗放式与集权式城市管理需要向科学开放化决策转变等。在过去一段时期，由于城市建设快速发展，而政府决策者、城市规划师、创意产业园等文化空间建设单位的负责人等对文化建设动力机制的认识尚处于摸索阶段，导致在实践过程中，城市文化建设往往偏重于"形象工程""风

图2.3　丹麦哥本哈根港口

貌设计"，变成"城市美化运动"，而旧城改造往往"整旧如新"，未能彰显文化内涵。但随着认识的加深，这种现象已大为改观。

2.2　以文化创意产业集群发展带动城市文化建设

　　世界上许多城市都将发展文化创意产业作为升级城市产业结构的手段，文化创意产业集群通过产品生产与相互合作，直接产生了文化经济效应，从而驱动了城市文化的建设。艾伦·J.斯科特从产业集聚的角度研究了多个文化经济部门，从服装业、珠宝业到多媒体业、电影业与唱片业，阐释了文化创意产业地理集聚规律、组织协作关系与机制及它们与城市文化之间的关系。他在著作《城市文化经济》(*The Cultural Economy of Cities*)中，介绍了美国洛杉矶电影业形成的好莱坞模式进一步推动了电视、文化旅游、唱片业的发展，这些产业与独特的阳光、冲浪、棕榈树等城市符号结合，把轻松的社会生活与纯属虚构的想象联系在一起，形成一种源自地方城市语境的城市品牌，这种产业发展与文化之间的协同关系代表了洛杉矶普遍的竞争优势。在文化创意产业的驱动下，

洛杉矶融合了城市小资文化，使得"远离传统的权力与财富核心而被视为暴发户的洛杉矶"的产业得到优化，树立了创新创意城市的新形象。该书以洛杉矶城市蜕变为例，说明了城市文化与文化产业集群之间的协同关系，但遗憾的是，全书仅考察了集群内产品生产企业之间的协作关系，并没有明确城市文化建设与文化产业的协同关系运转机制。

　　但是，斯科特对不同产业集群内部文化动力机制的分析，还是可以用来借鉴分析研究城市文化动力机制的。他在分析加州多媒体产业时，首先分析了集群内多媒体部门产业关系、产品市场、区位模式及联系，再通过问卷调查深入企业内部调查劳动力情况、企业产品外包情况、合资情况等，建立了对加州多媒体产业的集群分析图谱，分析了集群内产品与市场利基，最后提出了政策困境与制度结构的策略以及未来的展望。这种把文化拆解为地理文化属性、制度文化属性，对文化经济中的企业之间的合作、资本来源、地方劳动力市场的形成、制度与地理环境之间协同创新等方面进行考察的方式，值得城市文化动力机制研究借鉴。他总结的文化产业集群"高回报性"与"共生性"是影

图 2.4　波士顿昆西市场

响文化资本要素、经济资本要素、人力资本要素的动力机制。他描述的文化产业是一个产业群，除了以内容创意为核心主体外，销售、服务、物质生产制造等为核心的产业外延也是重要环节，不同产业之间相互连接、协同合作、共同发展的前提下，城市文化被稳步驱动，给城市带来巨大的经济效益，如波士顿昆西市场的建设（图 2.4）。

北京大学产业研究所从产业集群角度分析了如何提高城市文化建设，首次提出文化产业集群概念，并根据创意强弱对产业集群进行了分类，分析了集群竞争要素，指导了我国文化产业发展。李思屈提出了"3P型文化产业"的理念，并建立了文化产业指标体系，为文化集群的内容分析与发展审查提供了本质特征的描述及内在规律的解释。

2.3　以文化空间集群发展带动城市文化建设

废旧工厂改造区域（图 2.5）、市中心区域、旅游区域内包含的文化空间集群，不仅承担着文化生产的功能，也承担着文化消费的功能，它们是城市文化建设动力的来源，能带来直接的社会效益与间接的经

济效益。文化空间集群概念于 20 世纪 90 年代在西方国家兴起，欧美城市把城市空间重新规划与改造，赋予废旧区域高质量环境艺术的审美价值，吸引了艺术家、文化创意者的集聚以及居民的回归，并且通过文化空间吸引艺术家与创意工作者创意性的集聚，让这些空间并非仅是"空洞的能指"，而是实际产生教育、文化、艺术价值的区域。上海新天地改造、北京杨梅竹斜街改造、伦敦道克兰码头建设、东京立川 FARET Tachikana 艺术区的旧区活化、美国纽约 SOHO 区的改造、旧金山吉拉德里广场改造建设等都是世界上把空间重建为文化空间集群区域的经典案例，这些区域的改建驱动了城市文化建设，为城市带来了巨大的社会效益与经济效益。

城市文化建设需要结合自身资源优势、区位优势和历史文化优势。文化创意产业集群与文化空间集群都是驱动文化建设的动力来源。但它们的功能、业态类型、发展途径、经济职能等都有所不同，是各自独立的两种集群类型。但不可否认的是，它们都起到促进文化生产的作用，并且都通过项目的启动和实施带动了城市发展与转型。就文化本身来看，当它和城市建设发生关系时，就会产生一系列的动力，让人与人之间、各组织之间

产生更多的联系,为创意的产生提供机会。

我们对其他国家和地区的优秀城市文化空间的探讨,不应停留于宏观政策解读,而应通过实地考察,深入城市文化空间建设实践,从细节与点滴之中获得真实感受,并总结经验,加以借鉴。

图 2.5 废旧工厂改造

3 文化空间案例分析

3.1 成都宽窄巷子

成都宽窄巷子项目是以宽窄巷子历史文化保护区为依托，改造、开发的一个集商业、文化、休闲和旅游为一体的城市项目。项目位于成都市中心区天府广场西侧，北临泡桐树街，南临金河路，东临长顺上街，西临下同仁路，总控制面积约 39hm^2。其中核心保护区（即宽窄巷子历史区）占地 7.2hm^2；建设风貌控制区占地 32hm^2。

宽窄巷子项目旨在改变街区原有的经济结构，通过发展文化商业带动旅游业发展。文化商业的打造，既保持和延续了传统的街区空间格局和建筑形式以作为商业的物质载体，又充分挖掘了当地传统文化，形成独特的商业业态，还充分挖掘了当地的历史资料和历史影像，在设计中将提取出来的历史文化样式刻印至街区的每一个角落。项目重点挖掘和展现了四川地方传统文化中的餐饮文化、民间手工艺文化、剧院文化以及城市影像、历史文物、公共艺术、文化设施等。

1. 餐饮文化

宽巷子内有众多由老建筑改造而来的或是新建的精品川菜馆，这些店面注重空间环境品质和艺术性。利用原有建筑的特有形式，店面不直接临街，而是临街开一凹门，先进入到一个院落，再进入到建筑中（图 3.1），这种由街—凹门—院落—建筑构成的空间层次，成为宽窄巷子里众多精品川菜馆的空间特色，来此消费的多为本地居民。窄巷子两侧有数量众多的"棚子"，贩卖传统的街头小吃（图 3.2），没有座位，属于流动性饮食。光顾棚子的消费者多为游客。位于宽巷子 27 号的成都小吃城汇集了各种特色小吃，吸引了大量的游客和市民前来。小吃城毗邻龙堂戏院，与其形成功能上的互补。综合观之，在餐饮文化的打造上，宽窄巷子不仅考虑到游客的需求，还考虑到市民的需求。

餐饮文件中著名的还有茶文化。茶馆是成都的象征，是成都休闲生活的最佳诠释。宽窄巷子内设有诸多的茶馆，大部分和戏院相结合，这种茶馆适合游客和中老年消费群体（图 3.3）。宽窄巷子里还有少量的精品茶舍，它集茶具、茶叶的展示和售卖以及品茶为一体，是由传统茶馆发展起来的新型茶文化空间，它更现代化、更具有艺术品位，适合追求时尚的年轻消费群体。总的来说，在茶文化的打造上，宽窄巷子考虑到了不同消费群体的需求。

2. 民间手工艺文化

宽窄巷子有贩卖各种剪纸、变脸摆件和瓷器等的花车，将小商贩和民间手工艺展示相结合。花车具有流动性强、规模小的特征，满足小商贩的承租能力。传统工艺品的消费群体为游客，而游客流动性强，对于传统工艺品多是走马观花，摊贩性质的店铺更加适合他们。

3. 剧院文化

宽窄巷子内有 5 座戏院（图 3.4），其中，宽巷子内有 2 座，分别是庐恺演艺和龙堂戏院；窄巷子内有 3 座，分别是魔高、艺境和成都印象。5 座戏院内均设有茶馆。

图 3.1　川菜馆

13

图 3.2　传统街头小吃

图 3.3　茶馆

4. 城市影像

对一些难以通过商业活动展现的城市符号、文化记忆，可以在建筑内部或街道、广场上，通过雕塑、展览等方式予以展现。宽巷子里的部分外墙上，运用浮雕等艺术手法，展现了街区历史上具有代表性的文物，如拴马石（图 3.5）；井巷子里的墙面上，通过绘制的历史场景图片再现街区曾经的繁华景象。

5. 公共艺术

广场常常是街区传统生活中的核心空间，在广场策划文化事件，不仅有助于提升当地居民的综合素质，还能强化街区的文化氛围，提升居民的自豪感。街道消极空间和流动性强的街巷空间往往可以成为公共艺术的载体，对这些空间进行艺术处理、策划并展示艺术作品，既有利于提高空间的利用性，也能渲染文化氛围。

图 3.4 戏院

图 3.5 拴马石

6. 文化设施

虽然原成都文联、李华生工作室均已搬出了宽窄巷子，但是成都画院仍然正常使用。如今的成都画院没有了茶馆的功能，不再是文人艺术家聚集交流的场所，而成了一个纯粹的美术馆，举办各种大中型艺术展。

为了强调历史街区的经济价值，在进行建筑分类的基础上，宽窄巷子项目对保留价值不高的建筑采取推翻重建、修新如旧的开发模式，并将原有居住功能置换为商业、娱乐等功能。同时为了体现历史街区的文化价值，一方面，通过充分挖掘当地传统文化，打造文化商业，并将文化与传统建筑空间有效结合，形成了富有特色的街区景观和空间特色；另一方面，通过大众艺术、文化设施的建设展示了街区的历史和文化。综合来看，宽窄巷子的改造对传统文化的挖掘与再现深刻，文化介入成功。

图 3.6 苏州博物馆

3.2 苏州博物馆

苏州博物馆（图 3.6）是建筑巨匠贝聿铭先生担纲设计的一座现代化博物馆。它将现代化展馆、古建筑与新型山水园林集于一身，是一座独具文化意蕴的综合性博物馆。其设计理念为"中而新，苏而新"，经过 7 年的建造，于 2006 年 10 月 6 日正式对外开放。如今，苏州博物馆已成为最具苏州文化特色的城市地标之一，并以其独特的建筑形态吸引全世界慕名而来的参观者。

苏州博物馆的外观形态延续了具有江南特色的粉墙黛瓦，通体以简洁的几何形体块表现个性化和生命力，既与周边环境相协调，又具有独特的时代性。博物馆建筑还对中国传统建筑形式和营造法则进行了传承，以新型材料和现代创作手法展现本土建筑符号，体现了苏州精致小巧、轻盈内秀的文化特质。不仅如此，贝聿铭从苏州古典园林中汲取灵感，在博物馆中心区域建造了山水庭院，使展馆与园林相互烘托，形成新型山水园，是对苏州古典园林的当代延续。

苏州博物馆通过纯粹的几何形和曲直相间的线条，构成丰富的视觉效果。它的设计力求与自然环境的融合，采用分散式的布局分解建筑体量，以减少对自然环境的破坏，并将苏州灵动的水注入馆内的中心区域，连接拙政园的活水。博物馆中央的水域与展馆形成一种自然互动的关系，又与馆外的河道相联系，是对苏州自然环境的纯真表现。设计通过对山、水、树、石的合理运用，对生态环境进行保护与可持续利用，并展现出苏州的历史文脉与人文精神。同时，整个博物馆采用传统的园林式布局方式，建筑主体采用白墙灰屋面，带有浓厚的徽派建筑风貌，整体呈现出传统的空间格局和建筑氛围。建筑屋面造型则模拟传统老虎天窗的形式，中央是方形的大天窗，以满足博物馆建筑大面积采光的需求；天窗四侧是坡屋面。屋面呈现出创新的三维造型效果，突破了中国传统建筑屋面形式，在整体传统的气息中透露出一丝现代感。

苏州博物馆的设计提炼了中国传统建筑的布局方式、建筑形式、构造方式和建筑材料等，结合现代技术，营造了一种现代与传统之间复杂的关系：既能够在形式、色彩、空间布局等方面和谐呼应，还能在构造方式等方面体现出冲突与对比。

图 3.7 一天之内，"十字架"的光影变化

3.3 安藤忠雄的教堂三部曲

1. 光之教堂

光之教堂位于日本大阪，是以光引入宗教元素的一个典范之作。清水混凝土极其低调朴素，代表了修道士精神。教堂是一个长方体空间，具有纵深感，人们走进教堂时处于一片黑暗之中。空间尽头的墙体上洞开着"十字架"，光透过"十字架"射入室内。一天之内，"十字架"的光影变化多端（图 3.7），给人带来心灵上的洗礼和指引。建筑面朝东方，晨光最大限度地透过十字形的空隙，修道士们早上过来礼拜时可以看到那圣洁的一束光。礼拜堂正面的混凝土墙壁上留出十字形切口，呈现出光的"十字架"。建筑内部尽可能减少开口，限定在对自然要素"光"的表现上。十字形分割的墙壁，产生了特殊的光影效果，使人产生一种奇妙、神圣的感觉。

2. 风之教堂

风之教堂建于山林中，与树为伍，聆听风的轻语。长方体尽头的墙面竖向打开了一道风口，风从这里吹入室内。教堂的十字架并不显眼，细细的。十字架挂在墙上有一定倾斜度，当光照射在上面，其影子像风一般轻盈（图 3.8）。风轻轻吹拂，观者坐在长凳上，望着如白纸一般的混凝土墙面，或许会陷入哲学思考。

在风之教堂中，内部空间最值得注意的是引入光线的表达方法。十字的表达降到了最低，充其量只是为光影服务（图 3.9）。

如果与"光之十字"比对，也许可以将落地窗戏称为"影之十字"——前者以光线从缝隙中泻入产生神圣感，后者则意欲通过分割投影达到同样的效果。

图 3.8 风之教堂

图 3.9 十字的表达

17

图 3.10 水之教堂

3. 水之教堂

水之教堂位于日本北海道山坳之中的一块平地上，每年的 12 月到来年 4 月，这里都覆盖着雪，是一块美丽的白色的开阔地。不同于大多数室内教堂，水之教堂从地面往下，经过一个旋转的黑暗楼梯进入，像是从陆地下潜到水的空间。人们在长方形的清水混凝土空间中将看到一个平静、宽大的浅水池，由于水池深度经过精心设计，水面能灵敏地表现风的微妙变化。白色十字架竖立在水中央，分开了大地和天空、世俗和神明（图 3.10）。

在水之教堂的设计中，安藤忠雄对日本传统建筑的构造、空间、形式等进行了精神层面的提炼，并将采用现代建筑结构、构造技术和新型建筑材料，对这种特征进行了新的诠释。他的设计理念很大程度上来自对日本传统数寄屋空间精神的提炼、继承与重新诠释，作品表现出来的空间双重性——真实存在和想象存在，与传统数寄屋的空间精神一脉相承：它们都通过弱化空间界面的真实存在，强化自然元素，如光、风和水，使人在狭小封闭的空间中感受自然、感受万物、感受自我，体现了禅宗哲学的美学追求。

图 3.11 绩溪博物馆屋面

图 3.12 庭院、天井和街巷

3.4 绩溪博物馆

李兴钢设计的绩溪博物馆位于安徽省绩溪县旧城北部古城，整个建筑覆盖在一个连续的屋面之下，起伏的屋面形态和建筑肌理模仿着绩溪周边自然山体，是对"北有乳溪，与徽溪相去一里并流，离而复合，有如绩焉"的场地自然形态充分演绎和展现（图3.11）。建筑与整个城市形态更加自然地融为一体。

建筑的整体布局中设置了多个庭院、天井和街巷，既营造了舒适宜人的室内外空间环境，也诠释了徽派建筑的空间布局（图3.12）。建筑群落内沿着街巷设置有东西两条水圳，汇聚于主入口大庭院内的水面。建筑南侧设内向型的前广场——"明堂"，符合徽派民居的典型布局特征，同时也符合中国传统的"聚拢风水之气"的理念；主入口正对方位设置一组被抽象化的假山围绕明堂、大门、水面，开放的、立体的观赏流线将游客引至东南角的观景台，俯瞰建筑屋面、庭院和秀美的远山。

绩溪博物馆利用象征与比喻的手法表达地域文化，并通过形体、空间等方式进行诠释。

3.5 蓬皮杜艺术中心

伦佐·皮亚诺和理查德·罗杰斯设计的蓬皮杜艺术中心位于法国巴黎博堡区（Beaubourg）。区域内街区形态多呈规则的矩形，建筑体量多为 7～8 层。蓬皮杜艺术中心为一个 6 层高的矩形体量，由于博物馆特殊的尺度要求，它无法与周边建筑在尺度上取得和谐，然而矩形体量缓解了庞然大物的突兀感。同时，将建筑体量布置在场地东侧，以使其从河边的市政广场能被看到；场地西侧布置室外广场，和南侧圣梅里教堂前广场和西南侧室外广场连接为一体（图 3.13），成为市民最佳的公共活动场所。与周边环境和谐的空间关系淡化了建筑自身风格的突兀，使得这座立面由钢管柱、楼梯、设备管道构成的现代高技派风格的建筑取

得了巨大的成功。它成为了巴黎市一道靓丽的风景线，为博堡区注入了活力。

蓬皮杜艺术中心的案例中值得注意的一点是，这种文脉并置强调的是建筑特征而非街区的空间特征。

新建筑必须在空间形态上与历史街区取得和谐，控制新旧建筑并置的关系，旨在维持发展的活力，而不是使街区陷入视觉的混乱。建筑师罗杰斯认为和谐的秩序来源于"不同时代建筑的并置，其中每一个都是自身时代的代表"。雷姆持着这种动态历史观的建筑理论。蓬皮杜艺术中心的设计反映了罗杰斯的主张。

图 3.13 蓬皮杜艺术中心

4 案例赏析

行云流水

项目名称：广东工业大学东风校区图书馆共享空间改造设计项目

项目地址：广州市越秀区东风东路 729 号

设计时间：2017 年 11 月

项目规模：1791m²

　　本项目为广东工业大学东风校区图书馆设计学科信息共享空间及展览空间改造设计。这两处空间存在阅读功能较单一、空间缺乏层次、藏书空间过道较狭窄、光线不佳等一系列问题，学校希望通过空间升级改造，赋予空间新的活力。

案例视频

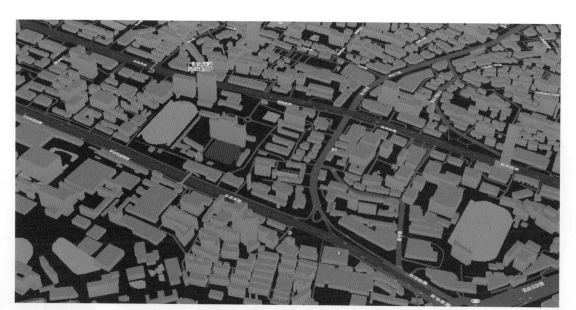

区位图

设计师在空间中多以弧形、高低不一的书架来形成围合空间，同时划分不同的功能区域，打破传统图书馆规整空间的呆板。弧线既有连贯性，也有灵活性，富有动感的线条给空间增添了活力，也象征着知识的传输带，表达了思维的活跃以及逻辑的环环相扣之意，寓意读者可从书本中汲取源源不断的知识，思想得到提升。

正如建筑大师路易斯·康所说："一座图书馆建筑应当提供一个及时满足各种需要的空间系统，这些空间和它们最后形成的建筑物应当从对使用的广泛解释出发，而不是去满足一个规定了的运作系统的规划方案……一座图书馆的设计如果被早期的标准化图书馆储藏办法和阅读设置的影响所左右，其结果会形成两种具有截然不同空间特性的形式——一种是为人用的，另一种是为书用的。书和读者在一种静态的状态下互不相关。"

随着信息时代的到来，当代大学生表现出自主式、多元化的学习方式，传统的高校图书馆建筑规划设计已不能满足师生们的需求。故广东工业大学东风路校区图书馆信息共享空间设计改造就显得尤为重要。

过去，高校的图书馆普遍对阅览室做了大面积的空间规划，大型阅览室的面积动辄超过 1000m²。然而据考察，这些大型阅览室的使用情况并不尽如人意，多数学生将其当作自习室。广东工业大学东风路校区位于广州市越秀区市中心，可谓是寸土寸金，整个校区的面积不大，故着重考虑资源配置整合优化是此次空间设计的重点。

信息共享空间是集信息技术、信息服务、信息资源和个性化与合作化学习空间于一体的协同学习环境和一站式服务中心。

该设计意在打造一个图书馆信息共享空间的"馆舍布局"。

1. 以人为本

加强了图书馆空间设计的实用性和开放性，提供适当的物理和虚拟空间。不同于以往的封闭式空间规划，该设计改造采用全开放、大开间的空间结构，色调以绿色和原木色为主，营造一种置身于大自然的氛围。设计师有机融合了自习、阅览、讨论等功能区域规划，创建了一个新颖的图书馆模式。

2. 动静结合

国内外信息共享空间的规划设计可总结为：聚集实体与虚拟空间，交错个体与群体空间，分离安静与喧闹空间，并存纸本与数字空间。该设计将空间划分为 6 个功能布置，在传统的功能区域上，增加了休闲阅览室和研讨室。广东工业大学东风路校区以艺术类师生为主，教学模式与以往的灌输式不同，更加注重启发式教学。该设计营造了一种安静与喧闹空间分离、个体与群体空间交错的环境，使图书馆从单纯的"静态"环境转变为"静中有动、动中有静"，从原来的一个只能阅读的安静场所变成一个允许局部喧闹的空间，有利于团体合作，调动学生的自主性、创新性。

人群定位

教师

学生

设计元素提取——行云流水

山川 + 波纹 + 云朵

展览文化空间一角

原始空间图

休闲阅读区

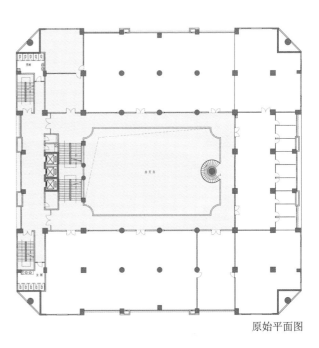

原始平面图

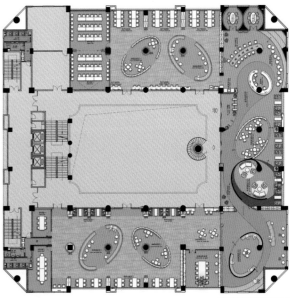

改造设计平面图

报刊阅览区 PERIODICALS

READING AREA

休闲阅读区

休闲阅读区

　　圆圆圈圈，层层叠叠，一条线形灯光在空中随空间蜿蜒游走，串联起圆与圈，丰富了空间的层次感，使空间流动了起来，更加具有空间的语言叙述性。

　　列状排放的绿色阅读座椅如同一颗颗小树，绿色的地面如同草地，使人仿佛置身于树林间，享受自然的生命力，放松眼睛与心灵。

休闲阅读区

休闲阅读区

在数字新媒体技术快速发展的当下，人们不再满足于图书馆传统的信息管理服务模式，更倾向于借助新媒体进行移动式信息检索、更具时效性的电子信息传递。该设计改造配置了计算机及无线网卡等多媒体设施，为师生们提供了必要的信息资源和设备技术资源。

休闲阅读区

行走的云，流动的水。人热爱与自然亲近，向往自由。本设计提出将自然界的曲线作为切入点，绿色为主导色，通过流动的曲线布局打破方正规矩的原有空间，营造一个亲切舒适，如行云流水般的共享空间。本设计迎合当代师生思维灵敏、个性灵活的特点，通过灵动而富有生机的共享空间，使师生在阅读时感受轻松，学习如行云流水，挥洒自如。

空间分为休闲阅读区、电子阅览区、服务台、讨论区、休闲区以及展览文化空间。

手绘草图

休闲阅读区

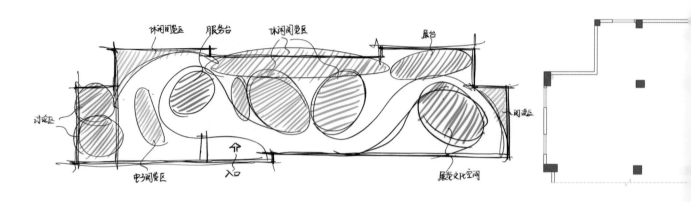

总服务台平面泡泡图

总服务台

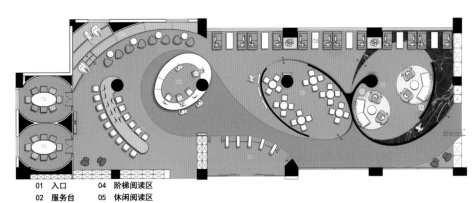

01	入口	04	阶梯阅读区
02	服务台	05	休闲阅读区
03	电子阅览区	06	研讨室

总服务台原始平面图 　　　　　　　　　　　　　　　　　　　　总服务台区域彩色平面图

休闲阅读区

阅读区

休闲阅读区

一个平台，
三三两两，
相聚一起，
或是为了同一个目标，
或是为了同一个兴趣与爱好，
各自成为彼此学习的动力，
相互形成了浓郁的学习氛围。

休闲阅读区

阶梯阅读区

空间细部

研讨室

展览文化空间

椅子造型　　　　　　　　　　　　　　　细部

各式精致的艺术作品，
角落里的蓝色陀螺，
成为点缀空间的小玩意。
让空间趣味化、多元化。

风吹响了树，
光照亮了木，
时间滴滴答答而过，
又一切归于原状。
即便是到了闭馆时间，
想必沉浸学习的你还在流连忘返吧。
我们在茫茫的知识海洋里，
如同小鹿迷踪，
不断地寻觅内心的方向。

展览文化空间

　　展览空间既可以作为阅读区，又可以为学生的作品提供展示平台，还可供艺术设计学科举办一些展览，空间实现了更多的功能价值。在书海寻觅知识的同时，看看展览，收获满满。

展览文化空间

阶梯阅读区是相对放松的区域，可倚坐可靠躺，满足不同的阅读体验需求。

慢慢地，在图书馆里学习，成为了学生们打卡的事情，他们学习、阅读的积极性提高了，人人晋升为文艺小青年。但真正的文艺，应该是举手投足间透露着的修养和内涵吧。

展览文化空间

色彩的温度

项目名称：广东工业大学大学城图书馆共享空间设计改造项目

项目地址：广州市番禺区大学城

设计时间：2016 年 6 月

项目规模：460m^2

　　原空间为学校展览馆，但随着时间的推移，其功能逐渐丧失。图书馆相关部门结合师生的需求，决定对原有空间进行改造。方案设计的理念是打造一个开敞、自由、符合大学生需求的图书馆共享空间，让学生和教职工拥有一个更好的互动交流平台。设计师将北欧的人文主义和温情引入设计，将活泼跳跃的色彩融入空间。

案例视频

阅读区局部

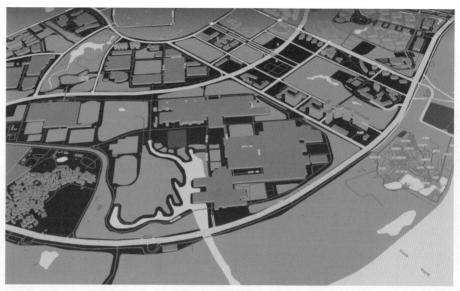

区位图

2001年，新修订的《美国馆际互借法》将图书馆之间的资料交换修改为资料共享，这种共享思想同样适用于高校图书馆共享空间的设计改造。而"共享"机制既是图书馆理论精神的重大成果，也是图书馆弘扬人文精神，坚持公共性、公益性神圣原则的体现。

图书馆建筑空间的使用者首先是人，然后才是图书。在建筑水平不断提高的今天，人的行为习惯、心理活动、使用要求等"人的尺度"也备受关注。打造一个开敞、自由、符合大学生需求的图书馆共享空间，让学生和教职工拥有一个更好的互动交流平台，"以人为本"，是该设计改造的核心。

广东工业大学大学城图书馆共享空间设计改造项目参考了国内外许多城市图书馆的设计，尤其是借鉴了芬兰阿尔托大学图书馆（原赫尔辛基理工大学图书馆）的设计。阿尔托大学图书馆改造项目由芬兰建筑事务所 Arkkitehdit NRT Oy（负责整个项目）和 JKMM（负责内部设计）合作完成，获得了2017年芬兰建筑奖。JKMM 的室内高级建筑师派维·梅罗宁（Paivi Meuronen）表示："我们希望这座建筑能体现斯堪的纳维亚设计理念中最为核心的部分，使每一天对于每个人来说都是特别的存在。"这正是广东工业大学图书馆想要传达的"以人为本"的思想理念。

室内各个功能空间无固定隔断墙，讨论室、电子阅览室、休闲阅览室等舒适、优雅的活动场给师生们以极大便利，满足了师生们的不同需求，体现了图书馆设计的人文关怀。

功能空间和辅助空间在这里相遇，室内外空间在这里发生碰撞，空间不再是孤立的存在。共享空间将资源整合，使空间变得开敞。该设计致力于通过人性化的采光、通风、色彩、照明及室内装饰设计，营造一个有温度、有情怀的共享空间环境，让师生们的情感与空间产生交流，进而让师生们爱上这里的氛围。

广东工业大学大学城图书馆共享空间设计改造项目的人文精神主要体现在空间格局、室内装饰、室内布局、无障碍设计等方面。设计师将北欧的人文主义和温情引入设计，将活泼跳跃的色彩融入空间。空间以活跃的橙色作为主导色彩，绿植及颜色鲜亮的软装作为点缀，打破传统较单一的图书馆空间模式，为师生们提供了一个温馨舒适、充满人文气息的轻松阅读环境。其中，面向师生的服务部门布置在靠近主出入口处，方便师生们使用。

简约、开放、时尚是本方案的设计宗旨。原图书馆空间是比较单一的，冰冷、枯燥而乏味，严重缺乏现代大学的人文主义和人情味。所以，本方案提出将北欧的人文主义引入设计中，提升人性关怀和大学图书馆的氛围，以温馨的色彩和自然的材料作为切入点，打造一个开放、时尚、富有人文关怀的现代图书馆。

建筑师维萨·奥维亚（Vesa Ovia）在采访中说道："人们似乎走进来就知道这座图书馆怎么用，这时我才感觉我们成功了。"如果你走进广东工业大学大学城图书馆的共享空间感觉如此，那么这个改造项目也就成功了！

人群定位　　　　　　　　　设计元素

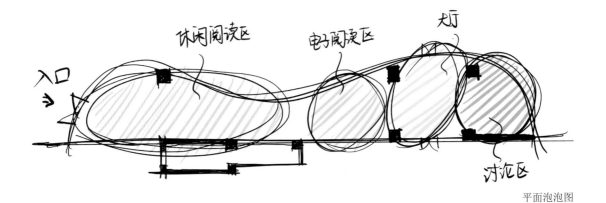

平面泡泡图

阅读区

现状分析

　　广东工业大学大学城图书馆原有的空间设计存在着一定的资源浪费，460m² 场地面积的使用率较低：不合理的桌椅摆放、寡淡沉闷的室内环境、杂乱无序的光线安排等，人文精神的缺失影响着师生们对图书馆的印象。

原始空间图

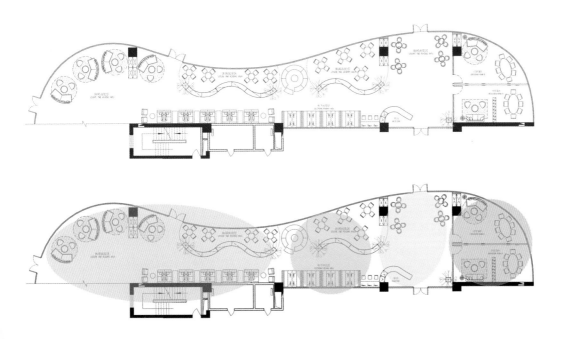

讨论区
大厅
电子阅读区
休闲阅读区

平面布置图

大厅

讨论区

　　共享空间的功能性固然重要，但是一个有温度、有情怀的环境更重要，它能与读者产生情感交流，它应该是打破传统空间的沉闷而存在的，进而让读者爱上这里的氛围。

　　在这里，你可以静下心来投入地阅读！

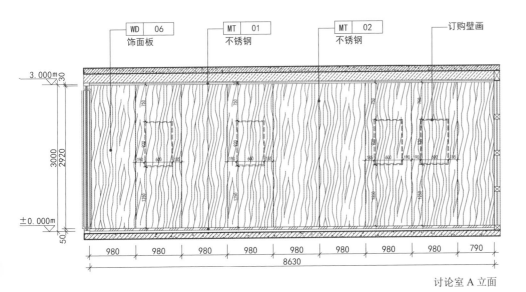

WD | 06
饰面板

MT | 01
不锈钢

MT | 02
不锈钢

订购壁画

3.000m
30
3000
2920
±0.000m
50

980 980 980 980 980 980 980 980 790
8630

讨论室 A 立面

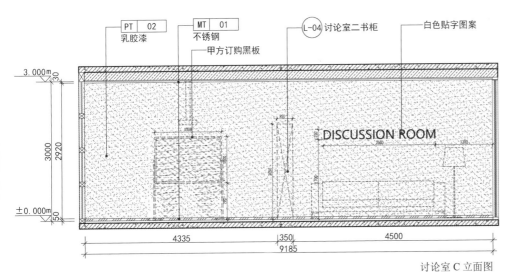

PT | 02
乳胶漆

MT | 01
不锈钢

甲方订购黑板

L-04 讨论室二书柜

白色贴字图案

3.000m
30
3000
2920
±0.000m
50

DISCUSSION ROOM

4335 350 4500
9185

讨论室 C 立面图

读一本好书，像交一位益友。

可是，什么样的图书馆是你心之所向？什么样的图书馆能让你享受阅读？什么样的图书馆让你流连忘返？

真正的图书馆共享空间不应该只是书籍的容器，更应该是情感的容器。

所"共享"的从空间形态的共享到资源的共享。共享空间不仅是一种空间形式，更是一种精神共享。

现场细部

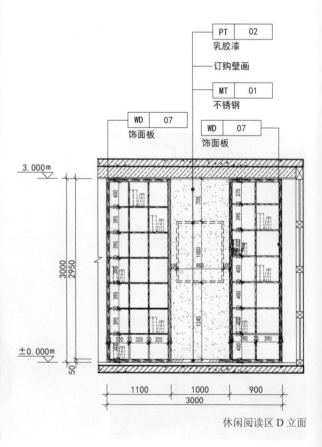

休闲阅读区 B 立面

休闲阅读区 D 立面

施工现场图

空间以活跃的橙色作为主导色彩，绿植及颜色鲜亮的软装作为点缀，打破传统较单一的图书馆空间模式，为师生们提供一个温馨舒适、充满人文气息的轻松阅读环境。

自然的元素为空间增加了不少灵气，使人在学习的同时感受到大自然的灵气。

沿着中央地带蜿蜒前行的书架，其优美的曲线造型赋予空间行云流水般的灵动感，极富设计感。

软装陈设

休闲阅读区

　　大面积的落地玻璃窗将充足的自然光引入室内，不管是晴天还是阴天，是白天还是夜晚，都别有一番景致。

　　家具都是量身定制，可以根据需要灵活组合，有相对固定的模块，也有可移动模块。

电子阅读区

休闲阅读区

　　在这里，你可以静下心来投入地读书；在这里，你可以与伙伴交流探讨，憧憬未来。这里的环境一定让你流连忘返。

心灵的旅途

项目名称：广东工业大学大学城校区图书馆 24 小时书吧
项目地址：广州市番禺区大学城
设计时间：2017 年 4 月
项目规模：80m²

　　24 小时书吧在近几年兴起，受到广大读书人的高度关注。24 小时不打烊，为的就是满足读者的阅读需要。24 小时书吧已成为城市精神地标中一盏不灭的灯。在高校校园里创设 24 小时书吧的初心是打造一个富有正面引导力的学习空间，给予读者充满文化气息和理想情怀的学习生活环境。

人群定位

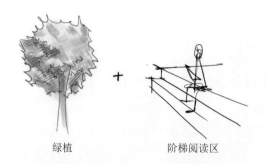

教师

学生

设计元素

绿植   阶梯阅读区

设计师把"生活美学、文化艺术、信息资源现代化"等概念融入校园，着力打造一个温情、舒适、现代化的阅读空间，以自助书吧的形式，将"人文、艺术、体验、便捷"等设计理念融入这个信息共享空间。去掉烦琐的设计元素，通过色彩点缀、灯光渲染、合理的人性化的空间功能划分，把重点更多地放在了空间使用的舒适性上，充分地利用了空间的每处角落。

随着科技的飞速发展和大众阅读需求的提高，24小时自助书吧在全国各地相继登场，在广东工业大学大学城校区图书馆一楼的一角，一间24小时自助书吧经过半年的装修准备，于2018年2月开放。该24小时书吧原来只是一间小小的打印店，经过设计师的精心设计，原来破旧的打印店摇身一变，成为深受同学们欢迎的学习胜地。

在整个书吧的设计中，并没有加入过多烦琐的设计元素，而是采用了较为简洁的设计风格。

书吧的面积虽然仅有80m²，但空间的布局设计精致。通过巧妙的设计，将不大的空间分为三个不同的阅读区：电动门旁的沙发阅读区，中部的休闲阅读区，最内侧的阶梯阅读区。靠在墙边的是几个落地式书架。这样的布局不仅节省空间，还在视觉效果上营造出一种层层叠加的舒适感。

在色彩搭配上，书吧的外墙采用橙色作为主导色彩，充满活力和青春气息；室内同样以橙色调为主。橙色调的灯光使书吧内部的氛围极其温暖，此外舒适的沙发、木质的长桌和凳子，以及阶梯式休闲阅读座位，这些为读者设计的桌椅，均采用暖色调的色彩搭配，其造型都简洁婉约、素净典雅。就连边上的书架，也是精心设计而成的。学生或坐在沙发上，或坐在阶梯上，或坐在窗旁，随意自如，可动，可静。

阅读区

书吧外观

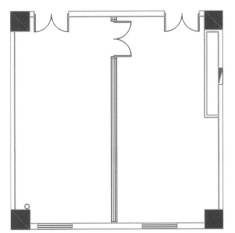

原始平面图

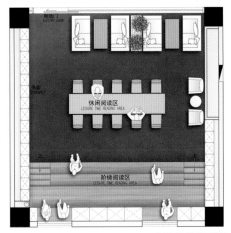

改造设计平面图

外墙以活跃的橙色作为主导色彩，充满活力和青春气息。室内舒适的沙发、木质长桌、嵌入式落地书架、阶梯式休闲阅读座位，均简洁婉约、素净典雅。

24 小时书吧是学生在校园活动的第三个空间，它是一个不受时间限制的自助式阅读空间，既独立又开放。

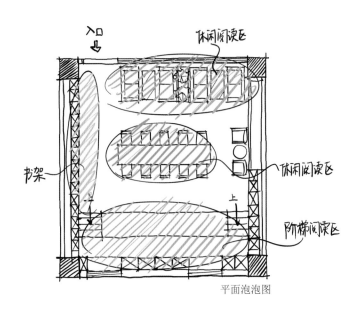

平面泡泡图

原始空间图

书吧的原型是位于广东工业大学大学城校区图书馆一层的一个简陋而不起眼的图文打印店，日常只打开一扇门，内部被隔成两间，整个空间的利用率比较低，功能性也较单一。图书馆相关部门决定把它改造升级，把"生活美学、文化艺术、信息资源现代化"等概念融入校园。

手绘草图

　　有那么一个小小的温暖的空间，在漫漫长夜为你亮起一盏灯，守护着你，陪伴你沉浸书海，带你走一程心灵的旅途。它，是夜读者的归宿。它，是精神的乌托邦。它让校园变得人文、温情，给学子们的校园生活添光增彩。

休闲阅读区

门头手绘效果图

门头实景图

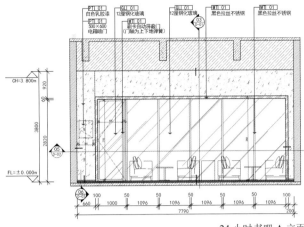

24 小时书吧 A 立面

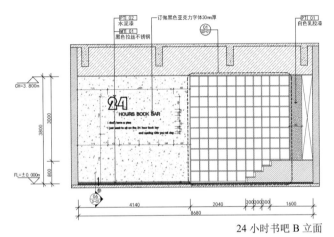

24 小时书吧 B 立面

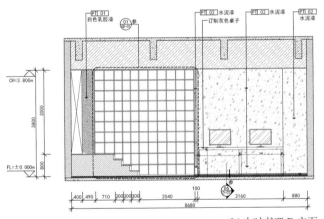

24 小时书吧 D 立面

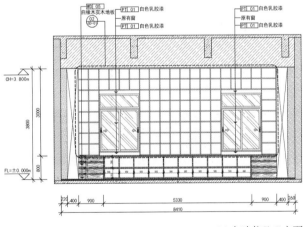

24 小时书吧 C 立面

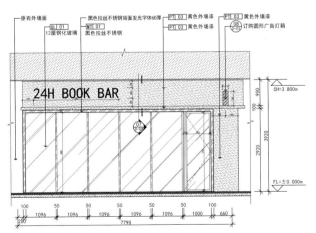

24 小时书吧 E 立面

休闲阅读区

　　落地式贯通到顶的大书架强化了空间感，它具有良好的储藏功能和井然有序的视觉观感。深色的书架给人以沉稳与端正之感，搭配灰色的地板，与暖色调的空间相得益彰。

设计效果图

设计效果图

几何形态

项目名称：广东工业大学大学城校区图书馆前台及展览空间改造设计

项目地址：广州市番禺区大学城外环西路100号

设计时间：2019年7月

项目规模：920m²

　　本项目为广东工业大学大学城校区图书馆二楼展区及总服务台设计改造项目，改造面积约920m²，原本的图书馆只能满足读者日常的阅读、借阅等常规需求，装饰较陈旧，色彩较单一、沉闷，缺乏人文气息与活力。改造后，增设了文化展示空间、电子阅读区以及休闲阅读区等，使空间更加多元化、更赋有人文气息。

案例视频

展示空间

阅读区

人群定位

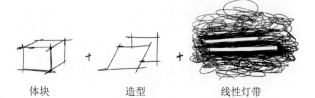

教师

学生

设计构思

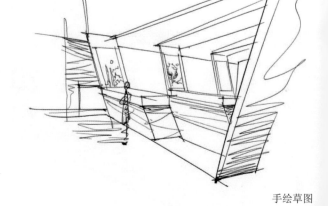

体块　　　　造型　　　　线性灯带

手绘草图

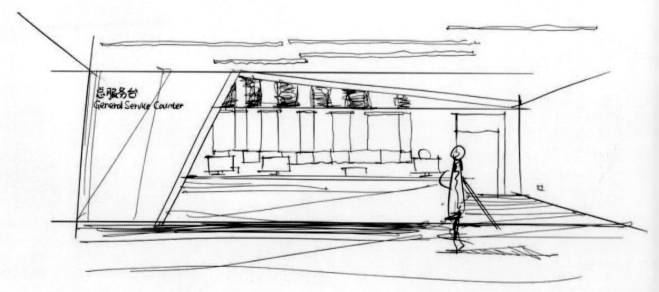

手绘草图

现状分析

　　装饰较为陈旧，功能单一；色彩沉闷，缺
少人文气息。

原始空间图

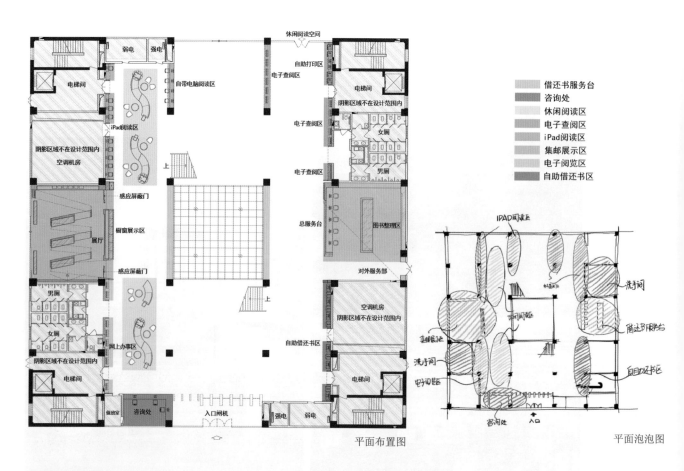

平面布置图

平面泡泡图

借还书服务台
咨询处
休闲阅读区
电子查阅区
iPad阅读区
集邮展示区
电子阅览区
自助借还书区

图书馆总服务台

图书馆总服务台和自助借还书区

图书馆咨询台

文化展示区入口

文化展示区

走进文化展示区，就像走进了时光隧道，整个空间以木色为基调，运用几何构成，与体块、造型、光影融为一体，富有艺术与人文气息；用直线形灯光装饰活化整个空间，增加层次感和科技感。

文化展示区

人与人的相遇，
有时就像于庞大书库中偶然一瞥，
或是为一部华美精致的典籍驻足，
或是被角落里一本朴素却不失内涵的小册子吸引。
书馆典藏云集，
闪耀的灯光为我们指引知识殿堂的大门，
阵阵的墨香是知识殿堂的华灯，
华美的文采是知识殿堂的钥匙。
阅读过后，
总要借上几本喜欢的书籍，
利用课余时间，学习研读。

文化展示区

蓝色·知识的海洋

项目名称：广东工业大学龙洞校区图书馆信息化借阅空间

项目地址：广州市天河区迎龙路

设计时间：2017 年 5 月

项目规模：780m²

广东工业大学龙洞校区图书馆二层的图书预览室原本只是一个简陋的空间，布局传统，裸露的天花板和传统款式的家具使整个空间显得陈旧，且在功能上难以满足高水平大学的建设需求。改造后，这里成了图书馆信息化借阅空间，具备更灵活的空间组织形式，能更好地满足师生们的需求，为读者提供了一个舒适、合理的阅读环境。

案例视频

区位图

安静舒适的借阅环境是做好读者工作的前提，图书馆的一切工作都是为了服务读者，每个读者对图书馆借阅室、阅览室的环境及馆舍周围的环境都有所要求。舒适、合理、和谐、清新的阅读环境不仅吸引人，而且给人以享受。满足读者的空间需求，创造一个优美的借阅环境，是提高读者服务质量的重要方面，也是图书馆建设的一项重要内容。

设计师重新规划和整合了原来功能单一的阅读空间，改造后的图书馆信息化借阅空间主要分为服务台、检索区、电子阅览区、休闲阅览区、自习区和研讨室几大功能区，使阅读者拥有了多种可自主选择的阅读和学习方式。

整个信息化借阅空间以海洋蓝和木色作为色彩基调，并用跳跃的对比色加以点缀，增强了空间的活泼感。

在信息化借阅室的总服务台，一幅富有诗意的蓝色调《书山》画作映入眼帘，正合"书山有路"之意，而另一侧是澎湃的海洋图景，对应"学海无涯"之境。山高水阔，则是仁、智所在，寓意着图书馆就是广阔的知识海洋。

海蓝色的墙面和局部天花板，海蓝色的吊灯与沙发、地毯……这里像是海洋里的图书馆。

都说蓝色是宁静的，当一个阅读空间被染上蓝色，阅读者更愿意沉浸在书本中，也能更好地保持秩序和安静的氛围。在自习区，设计师采用了海洋蓝色装饰天花板和局部墙面，地毯也是海洋蓝色的，统一的蓝色调让同学们静下心来学习。沉浸在知识的海洋中，也不失为一种乐趣。

在公共阅读区，墙面上挂着的每一幅画都色彩跳跃，但你细心揣摩画的内容时，却可以发现其中透露着人生哲学。画中的一行行小字饱含哲理，激励同学们认真对待生活和学习。

在设计休闲阅览区时压低了天花板高度，使座位上的读者有安全感，同时使通道在视觉上有延伸的效果，显得更加整齐划一。

在材质选择上，设计师注重使用者的触觉体验，软装选用布艺和绒布这类接触面柔软的面料。家具则选择弹性较好、符合人体工程学的座椅。

人群定位

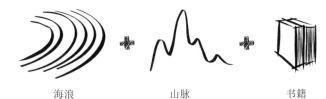

教师

学生

设计元素——"书山有路，学海无涯"

海浪 + 山脉 + 书籍

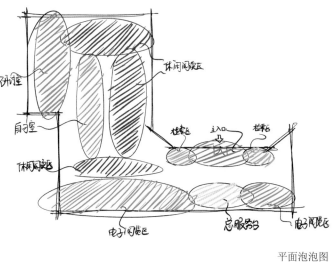

平面泡泡图

原始空间图

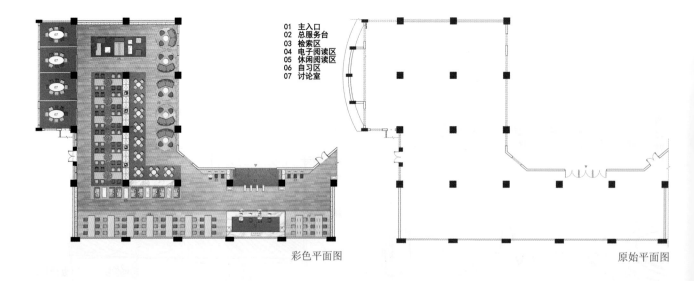

01 主入口
02 总服务台
03 检索区
04 电子阅读区
05 休闲阅读区
06 自习区
07 讨论室

彩色平面图

原始平面图

总服务台

休闲阅读区

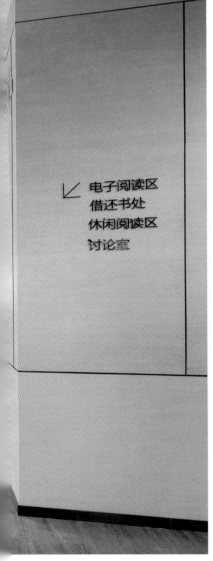

⬈ 电子阅读区
借还书处
休闲阅读区
讨论室

主入口

休闲阅读区

休闲阅读区

手绘效果图

休闲阅读区

总服务台

休闲阅读区

书籍是人类知识的载体，
是人类智慧的结晶，
是人类进步的阶梯。
只有从书中汲取知识和能量，
才能创造更多的可能性。
而图书馆就是广阔的知识海洋，
让我们徜徉在书海中。
创造一个自由、无限徜徉的书海，
只为热爱阅读的你。

休闲阅读区

休闲阅读区

原有窗户

| PT | 01 |
| MT | 01 |

| PT | 01 |

原有门

CH=2.800m

2800

FL=±0.000m

1530 338 1587 345

3800

讨论室立面图

休闲阅读区

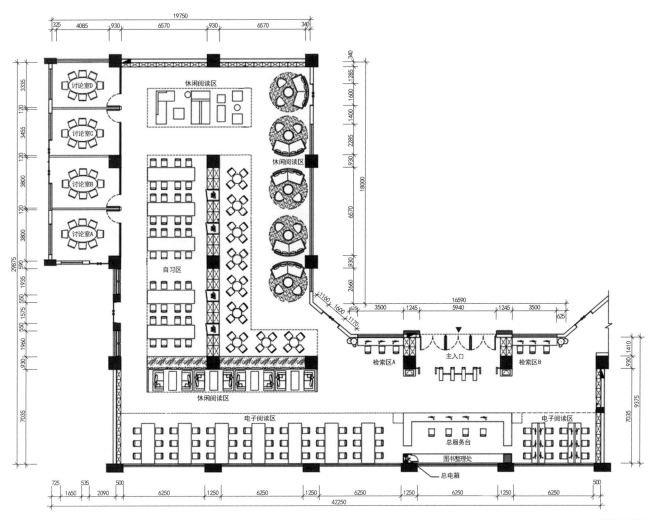

平面布置图

自习区

　　在这个被深邃的蓝色和一面面书墙包围的空间里，阅读和学习功能空间被无形地放大，置身其中，人会感到自己被知识包围，内心不由感到富足。

　　丰富的知识离不开丰富的阅读，也离不开知识的共享。在阅读区，需要精心营造安静的阅读环境，而研讨室则供人们自由地讨论和学习。

与月亮的独白

项目名称：广东工业大学龙洞校区 24 小时书吧
项目地址：广州市龙洞区
设计时间：2017 年 4 月
项目规模：214m^2

　　位于广东工业大学龙洞校区图书馆一层的老旧闲置的文印店和二层杂乱的快递收发室，经过改造优化，成为大学校园的又一处自助式信息共享空间开放——24 小时书吧。设计延续了将"生活美学、文化艺术、信息资源现代化"等融入校园的理念。

案例视频

24 小时自助书吧是图书馆的延伸，它为读者提供了更加高质量的服务，弥补了图书馆开放时间有限的不足。24 小时不打烊的书吧从人性的角度出发，满足了广大读者对时间的可支配性，增加了同学们使用学习空间的灵活性，增强了公共资源的实用性，为读者提供了自助学习空间。书吧的管理更为智能化，自助书吧并不需要专门的管理员，而是采用了智能电动门装置，学生们刷一卡通即可进出，使用书吧更加便捷，也可防止外人的进入，可以更好地进行书吧的人流管理。

书吧环境卫生，依靠学生们自觉维护，这在很大程度上减少了人力资源的浪费，节省了经济成本。

作为文化空间书吧，要有自己的格调，不能千篇一律。龙洞校区书吧采用干净、简洁的白色塑造文化空间，并结合活泼明亮的黄色来活跃空间。小面积有大功能，在相对有限的空间里满足了阅读与藏书两大需求。空间中的亮点是用烤漆玻璃设计与呈现的神秘又美丽的月球，它象征着人类不断探索的未知，激发读者学习与探索的欲望，是这个积极向上的精神空间的点睛之笔。

原始空间图

书吧外观

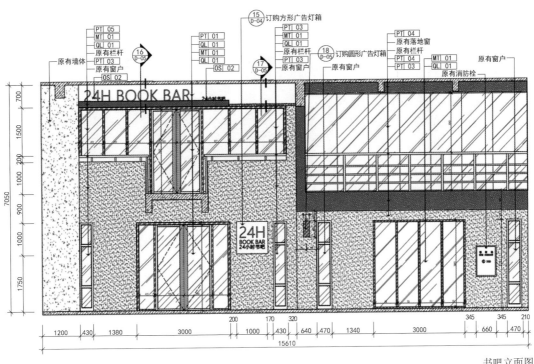

书吧立面图

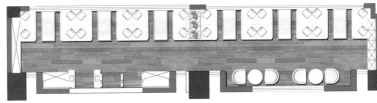

一层平面布置

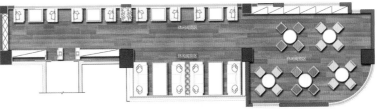

二层平面布置

彩色平面图

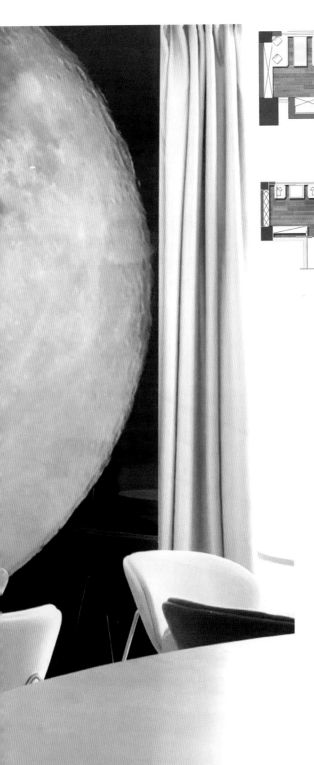

柔软的座椅提供了舒适的体感，
嵌入式落地书架上书香四溢，
抽一本书，细细品读，
享受那份宁静与美好。
灯火阑珊处，
24 小时书吧一直为怀揣理想的你开启，
它是心灵的抚慰者与梦想的支持者。

二层休闲阅览区

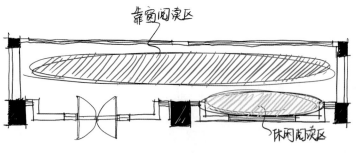

靠窗阅读区

休闲阅读区

一层功能平面图

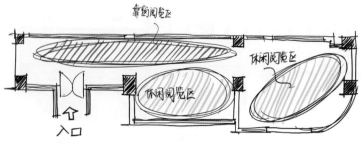

靠窗阅览区

休闲阅览区

休闲阅览区

入口

二层功能平面图

时间在滴滴答答地溜走，
书中的故事仍如此吸引人，
夜晚不约而至，怅然不想离开，
何不在此与书为伴。
纵使明日要踏上孤独艰难的旅程，
但愿此刻的你能在此找到慰藉。
从清晨到日暮，有我陪伴。

建筑外观

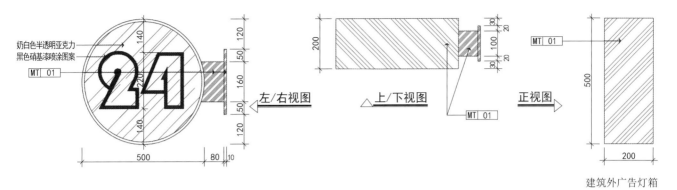

奶白色半透明亚克力
黑色硝基漆喷涂图案
MT 01

左/右视图　　上/下视图　　正视图

建筑外广告灯箱

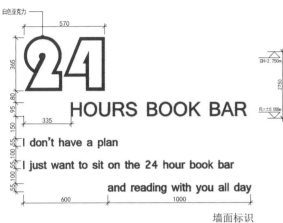

白色亚克力

24
HOURS BOOK BAR

I don't have a plan
I just want to sit on the 24 hour book bar
and reading with you all day

墙面标识

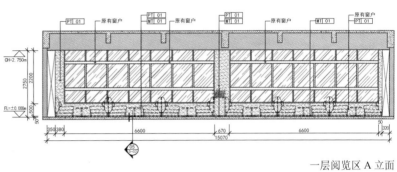

一层阅览区 A 立面

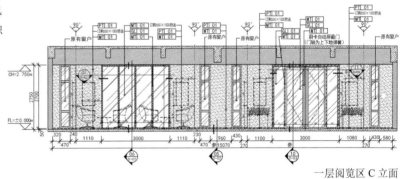

一层阅览区 C 立面

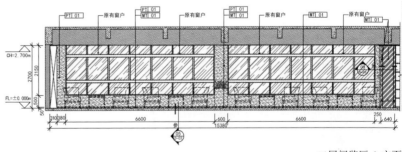

二层阅览区 A 立面

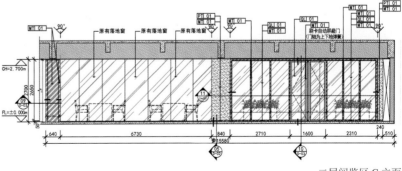

二层阅览区 C 立面

休闲阅览区

灯与画，虚与实之间，
如沉浸在浩瀚无边的星空之中，
月球下的人在想——
美丽的嫦娥真的存在吗？
探索未知的事物，从好奇心开始。

二层休闲阅览区

阅读是发现自我的过程，
是一场心灵的旅程。
在半包围的沙发群里，
寻一角落，
捧一本书，
或斟酌回味书中故事，
或思考反省现实自我。

大块面的玻璃引进温和光线，
拉近我们与风景的距离。
坐着看书，
偶尔乏了，
一抬头，
看到蓝天，
看到绿树。

休闲阅览区

穿梭的动线

项目名称：广东交通职业技术学院图书馆改造
项目地址：广州市天河区天源路 789 号
设计时间：2019 年 5 月
项目规模：460m²

我常常站在书架前，这时我觉得我面前展开了一个广阔的世界，一个浩瀚的海洋，一个苍茫的宇宙。

——刘白羽

广东交通职业技术学院天河校区图书馆共享空间的基础设施现已老旧，其空间布局为传统的书库形式，无论是空间还是设施，都已不能满足当下师生们对新型图书馆的需求。图书馆是师生们阅读、学习和获取信息的重要场所，为了更好地为广大师生服务，图书馆的升级改造势在必行。学院领导希望改造后的图书馆共享空间成为图书馆乃至整个校园的亮点文化空间。

案例视频

区位图

概念引入

　　舒适、随心。有人曾说，幻想过生活中的千万种辉煌，却发现原来生活舒适就好。独享一个人的时光，找一本好书，躺在柔软的沙发上，准备一杯精心研磨的咖啡，品味人生的浮沉。打造一个舒适的读书环境，才能享受那读书的美好时光。

　　探索、自然。在书中，可以探索他人精神世界里的自然万物，然而我们也需要身临其境地去体验与感受，放飞心灵。

　　本方案将交通设计的动线感和现代时尚感体现于平面。平面上，每个区域的空间通道像是一条交通路线，每一个座位都像是一栋建筑，读者穿梭其间。通过空间的切割、组合形成新的空间布局，结合色彩与软装搭配，打破了传统阅读共享空间格局，摆脱了单一、乏味的阅读方式，提供了一个全新的阅读空间。

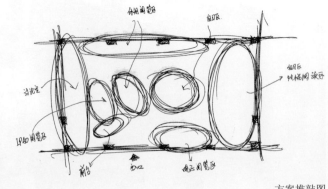

方案推敲图

改造前空间

　　改造前的图书馆室内空间仅能满足读者日常的阅读、自修、借还书等常规使用需求，功能不够丰富；其装饰与陈设老旧，色彩单一沉闷，整个空间枯燥乏味，缺少年轻元素；空间压抑拥挤，学生看书时拘谨于小小的座位里，阅读空间受限，学生之间容易互相干扰。

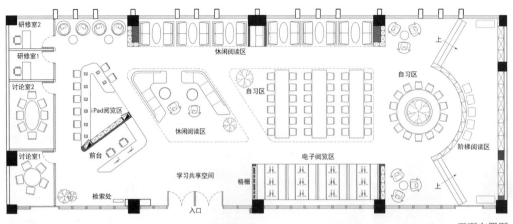

平面布置图

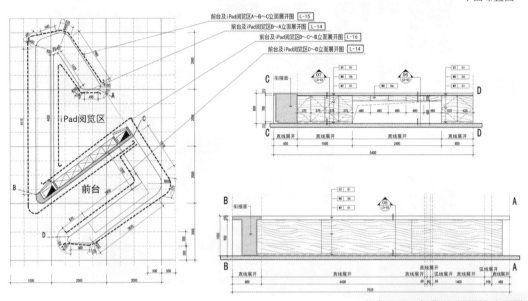

前台及 iPad 阅览区平面图和立面图

iPad 阅览区

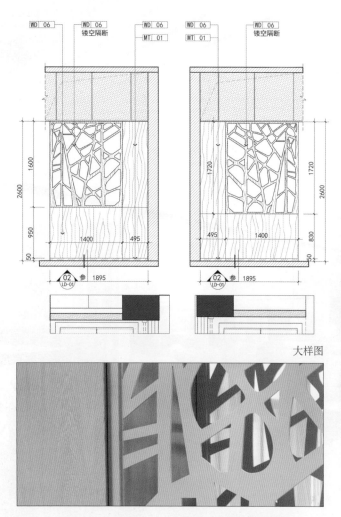

大样图

阅读区

　　撤走原来压抑的天花板，阅读区域豁然开朗。温柔的木色、活力的色彩、舒适的沙发、敞亮的空间使人心情愉悦，不知不觉地阅读便成为了一种享受。

阅读区

为了提高空间利用率、丰富阅读形式，图书馆内新增了电子阅览区和 iPad 阅览区，为喜爱电子阅读的读者打造了一个属于他们的阅读世界。iPad 阅览区以不规则形状的吧台与天花板相呼应，这个异形装置打破空间本来的规整，呈现了一个极具科技感的创新空间，可让读者在独特的空间中，活跃思维，寻找灵感。

电子阅览区和 iPad 阅览区

富有活力的色彩
与造型现代简约的家
具，满足了学生人群
的审美需求。

前台位于图书馆
入口处，从室外就可
以轻易地瞥见，其功
能明确，可以方便快
捷地提供咨询与登记
服务。

iPad 阅览区

图书馆前台

在布局灵活的阅读空间，读者可随意穿梭。阅读不再拘谨于一桌一位，读者在每一个角落都可沉浸于书海，寻找珍贵的知识宝藏。

设计师运用实木、铝质格栅等材料，不同区域以不同颜色的地面材料区分，创造出有层次的空间，加上软装色彩的点缀，使得空间色彩丰富而温暖。

新增的讨论室和研修室供学生们讨论和小组学习交流使用，也可用于开展阅读分享会等活动。

研修室

休闲阅读区

研修室 讨论室

贯穿古今

项目名称：聚元祥广绣体验馆
项目地址：广州市荔湾区永庆坊
设计时间：2021 年 2 月
项目规模：100m²

一针一线一传承，用一根线，连接古与今。聚元祥广绣体验馆东连上下九地标商业街，南连 5A 级景区沙面，是极具广州都市人文底蕴的西关地域，处于广州历史街区永庆坊。体验馆按照"老城市，新活力"的总体要求设计，其中注入了新时代的城市生活形态。这是广州市致力打造的历史文化传承和当代都市生活融合的中国新时期城市有机更新的标杆。

案例视频

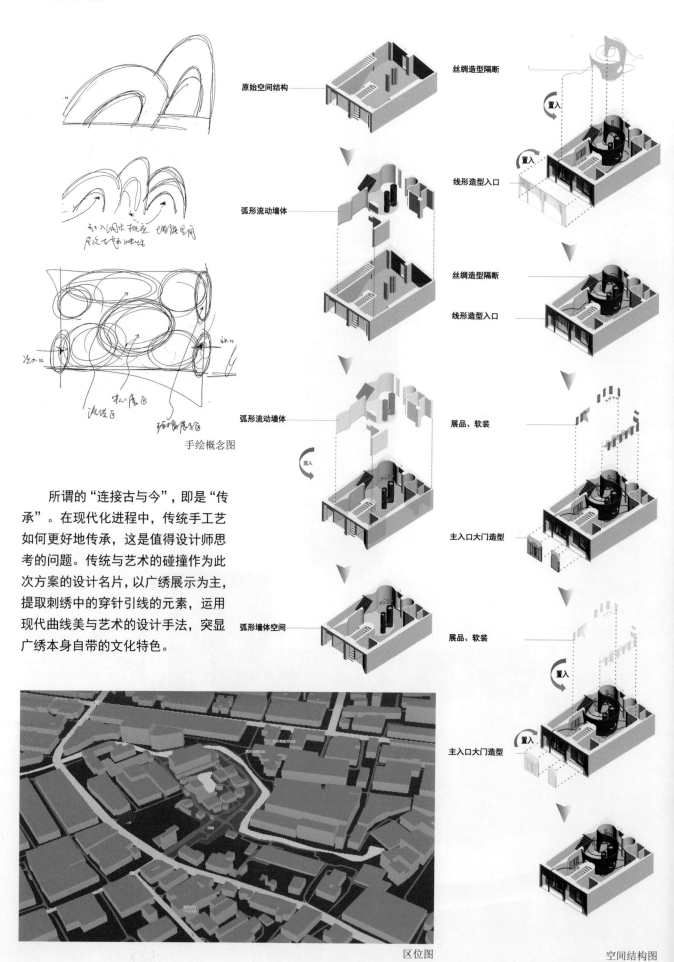

手绘概念图

所谓的"连接古与今"，即是"传承"。在现代化进程中，传统手工艺如何更好地传承，这是值得设计师思考的问题。传统与艺术的碰撞作为此次方案的设计名片，以广绣展示为主，提取刺绣中的穿针引线的元素，运用现代曲线美与艺术的设计手法，突显广绣本身自带的文化特色。

原始空间结构

弧形流动墙体

弧形流动墙体

弧形墙体空间

丝绸造型隔断

线形造型入口

丝绸造型隔断

线形造型入口

展品、软装

主入口大门造型

展品、软装

主入口大门造型

置入

区位图

空间结构图

入口

展示空间

现场图

现状分析

（1）劣势：室内层高不高，受消防管道安装高度的
影响，吊顶受到限制；整体空间的结构不规则，内部
空间的设计受到承重柱与楼梯的影响。

（2）优势：毛坯房，有很好的设计发挥空间。

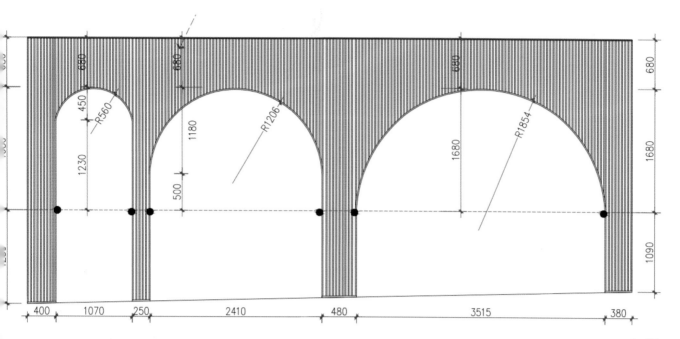

立面图

改造后门面

入口

过道

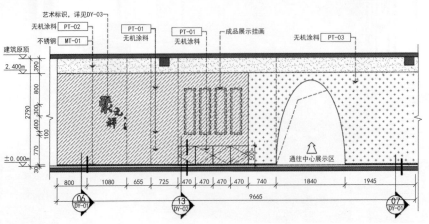

展开立面图

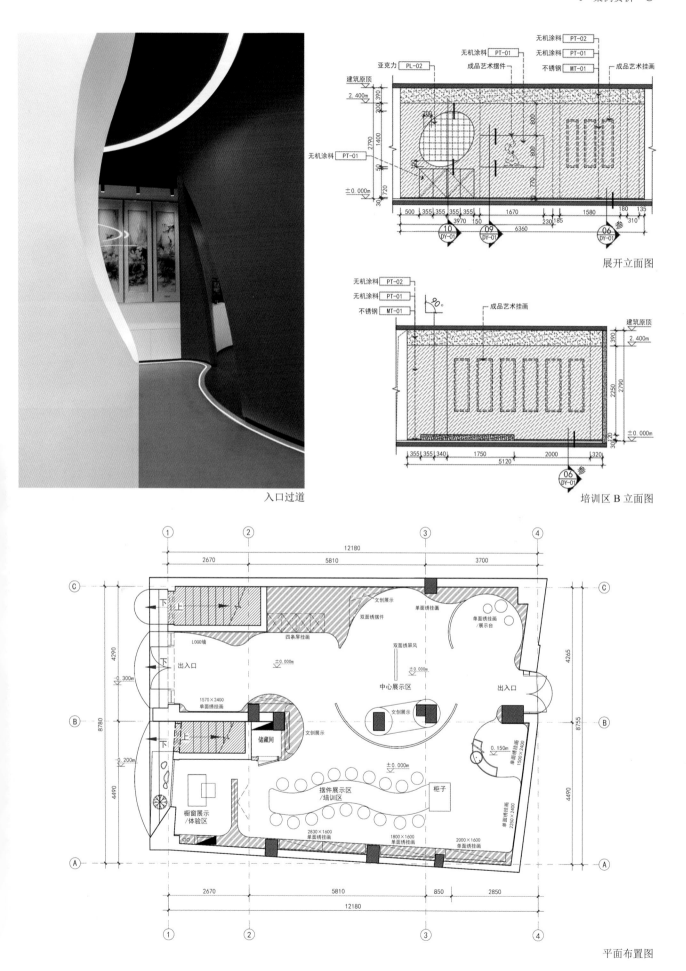

入口过道

展开立面图

培训区 B 立面图

平面布置图

局部细节

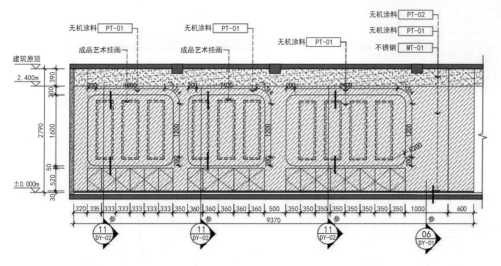

培训区 C 立面图

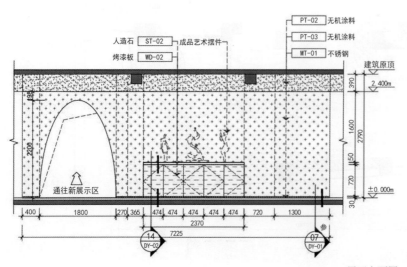

展开立面图

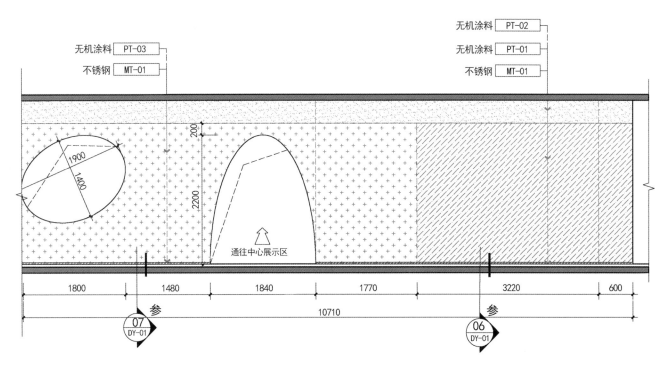

无机涂料 PT-02
无机涂料 PT-03
无机涂料 PT-01
不锈钢 MT-01
不锈钢 MT-01

1900
1400
200
2200
通往中心展示区

1800 1480 1840 1770 3220 600

10710

参
07
DY-01

参
06
DY-01

展开立面图

展示空间

展示空间

展示空间

　　红与白的交织，热烈与冷静的碰撞，大胆的撞色就如同从古代穿梭至现代，古与今结合、碰撞，为我们拉开了广绣的历史帷幕，展示着广绣从古至今的发展历程。弧形流动的墙体，丝绸造型的隔断，弯曲流畅的灯带，优雅精致的展品，处处流露着广绣的历史底蕴，让人身临其境般地感受那一段光辉岁月。

文旅乡韵

项目名称：一埠村文创生活会馆设计
项目地址：佛山市顺德区龙江镇南坑村一埠村
设计时间：2021年4月
项目规模：698m²

项目位于佛山市顺德区龙江镇南坑村一埠村，原是一埠村的乡村学堂。这里曾培养了一批又一批的优秀学子，后因多种原因长期废弃，无人使用，屋面坍塌，房体受损。机缘巧合之下，设计团队在渠岩教授的指导下完成了这项文创生活会馆设计。本设计结合了现代艺术创新理念、传统民俗文化及自然保护原则，运用文化理念和艺术手法修复古村落，注入新文化、新生活，赓续传统文脉，创建精神家园，把一埠建设成顺德著名的村落文化之乡和村民真正热爱的家园。

案例视频

前庭照壁造型

本着修旧如旧的原则，对破旧的濒临坍塌的乡村学堂进行改造，使之变身为一埠村文创生活会馆。一埠村文创生活会馆涵盖了乡村学堂、民艺工坊、有机商店、咖啡吧、书吧、餐厅、厨房、茶室以及艺术民宿等多个功能性空间，成功地把乡村资源与文创结合，既保留了一埠村的民俗文化，又可吸引一埠村的村民回乡生活就业，还可发展乡村旅游业。乡村的文创基地可以作为乡村的文化客厅，让沉寂已久的一埠村变得热闹起来，并丰富乡村的生活样式。

一埠村文创生活会馆的建立，为顺德区乡村振兴树立了一个新的标杆，踏出了乡村复兴的第一步。乡村要想恢复人气和魅力，应该从传承当地的民间工艺开始。当代创意和设计能够有效促进和补充乡村经济的发展，在一埠创造出文化影响，开发出当地的产业品牌和文创产品，创造出"小乡村，大产业"的奇迹，这也是乡村能获得持续活力的重要举措。

区位图

现状分析

（1）原场地空置已久。

（2）由于长期无人使用，屋面的主要承重木梁已被白蚁蛀食，导致屋面坍塌。房屋受损严重，已成危房。

（3）周边杂草丛生。

（4）入口门坊保存完好。

（5）校园中央留有院落。

项目原貌

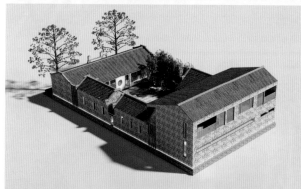

鸟瞰图

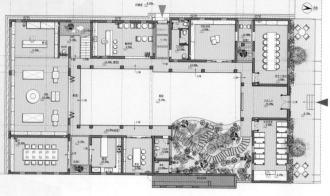

一层平面布局

前庭

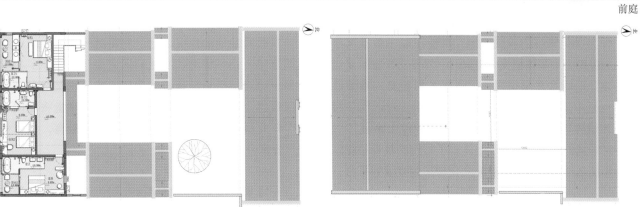

二层平面布局　　　　　　　　　　　　　　　　　　　　屋面平面布局

乡村学堂

作为文化精神的养成之地，书院正以一股不可小觑的力量助力中华传统文化复兴。一埠乡村学堂就是当代书院。一埠乡村学堂是一埠近代乡村教育的重要遗存，也是中国传统乡村特有的教育组织，对近代乡村的人才培养起过重要作用。设计师在原址上恢复了一埠乡村学堂的教育功能，不但体现了书院的教育功能，而且要使之成为今日一埠对外文化与思想交流的平台。

正如丰子恺所言，"天上的神明与星辰，人间的艺术与儿童"最为牵动人心。在一埠乡村学堂原址上恢复其教育功能的意义深远，它将把一埠与中华传统文明连接，让一埠增加文化与历史底蕴。一埠乡村学堂是一埠连接历史与传统的最佳方式，也是尊重一埠村民情感、唤醒村民记忆的绝佳方式。学堂将面向一埠少年儿童开展各类与乡村有关的课程教育，培养他们热爱家乡的情怀。

一埠乡村学堂将在顺德区起到传承中华民族传统文化的示范作用。

民艺工坊

　　乡村在长期的历史发展进程中孕育了丰富多彩的民间艺术与手工技艺文化，它们是伴随着农耕文明发展而产生的，是与农耕社会生活相吻合的艺术与技艺。进入工业社会后，随着工业化的迅速发展，廉价的工业制品大量涌现，民艺工匠难以适应快节奏生产的冲击而逐渐消失。但是，民间传统手工艺是千百年来由民众创造并共有的民间艺术文化，是民众智慧的结晶，我们不能因为人类社会的发展转型，就把这些文化丢失了。

　　如何传承和发扬濒临消失的民间手工艺，是乡村更新改造应当重点关注的问题。民间匠人的身上承载着不同于工业社会的生产与生活方式的气息，通过这种气息可以追溯时代的印迹，还原不同于城市喧嚣生活的乡土回忆。所以，我们创造一埠民艺工坊，并寻找民艺工匠，以使民间艺术在此延续。

　　一埠民艺工坊将现代美学与传统民间艺术相结合，将给一埠村民和到访者带来美的艺术体验。设计力图通过挖掘民间艺术的深厚底蕴，增强村民与游客的文化自信。

乡村图书馆

厨房

乡村图书馆

茶室

文创商店

咖啡吧

艺术民宿

一埠乡村振兴离不开村民的积极参与，鼓励和帮助村民将闲置的房屋改造成民宿经营，是帮助村民致富的一项举措。随着一埠乡村振兴建设的深入，旅游产业的发展，势必会带来住宿方面的市场需求。这将为部分村民回乡创业提供机会。一埠村计划对长期闲置和濒临倒塌的房屋进行抢救与保护，形成特色民宿区域。该区域建筑以修旧如旧、功能合理、时尚温馨为特点，以安静为主题，为游客营造优美闲适的田园景观和沉浸式乡村生活体验。设计充分保留传统民居历史风貌，重点对院落小景观和室内空间进行主题元素的诠释，最大限度地保留乡村的特质。

一埠村将这个计划定位为"体验式精品民宿"，为城市居民打造一处休闲度假的"世外桃源"，并逐步完善满足游客乡村生活体验的吃、住、行等方面的配套服务。

古韵竹影

项目名称：广东工业大学家具典藏馆设计
项目地址：广州市越秀区东风东路 729 号
设计时间：2016 年 7 月
项目规模：85m^2

　　古老而富有韵味的明清古典家具，
置于竹林中，空间与物件相得益彰。

　　本项目位于广东工业大学东风校区
图书馆一楼。2014 年 12 月，广东工业
大学艺术与设计学院筹备学院十年院庆
活动之际，提出了"人文院庆，学术院
庆"的主题，学院相关部门决定把在山
西、陕西等地收集的明清家具进行展示，
东风校区图书馆一楼闲置空间因而改造
为家具典藏馆。

案例视频

展厅

人群定位

设计构思

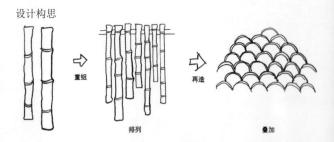

竹方案推敲图

收藏馆是一个小型展示空间，馆内展示的作品皆为明清时期的传统家具，所以空间风格定位为怀旧、经典。设计选材以传统青砖瓦片为主。在此空间内，设计师结合传统工艺，营造出富有古韵的环境氛围，每处设计都有其文化内涵。设计之前，设计师特意对山西平遥和西安永乐宫等古建筑进行了考察，并借鉴当地传统民居中的地砖纹样与铺砌工艺，用来分割、装饰空间，使收藏馆的空间格调与所展示的经典家具风格契合。

收藏馆分为序厅和展区。通常，序厅是最先闯进人的视线的空间，也是最能使人产生心理联想的地方。所以，序厅如何充分体现收藏馆的主题并吸引参观者，是设计的一大挑战。步入序厅，错落有致的竹管以下坠的姿势映入眼帘，筒灯暗藏于竹管内，柔和的灯光洒落在古时的案几上，恍惚间似是时光倒流。德国哲学家莱布尼茨说"世上没有两片完全相同的树叶"，物种是有

其多样性的，设计师正是利用了物与物之间的多样性，打造了一件韵味深长的艺术作品，这是一种无意识的艺术体现。

在展区设计中，设计师利用地面材料变化来分割空间，塑造场景，突出展品；通过营造家具展品的摆放环境、氛围，带给观众沉浸式观展体验。地台处理与屏风隔断都是一种实体性的分割，沿着空间的走向装饰，增添空间感的同时，视野更显开阔，还符合观众行进的路线，既保证展品与观众的合理距离，又具有开放，可形成一定的视觉效果。展品海报也起到分割空间的作用，同时也便于参观者了解展品。

收藏馆内专门设置了打卡区域，供观众拍照留念。由于收藏馆室内空间设计并没有局限于展品的展示，因而使人可以体验到古代生活场景。

空间平面划分为序厅和展区两个区域。序厅在整体空间中主要起到点睛的作用。中央展区搭设了仿古空间，并通过地台、地面材料变化、屏风隔断等手法进一步丰富空间层次，使展区更加富有历史韵味。

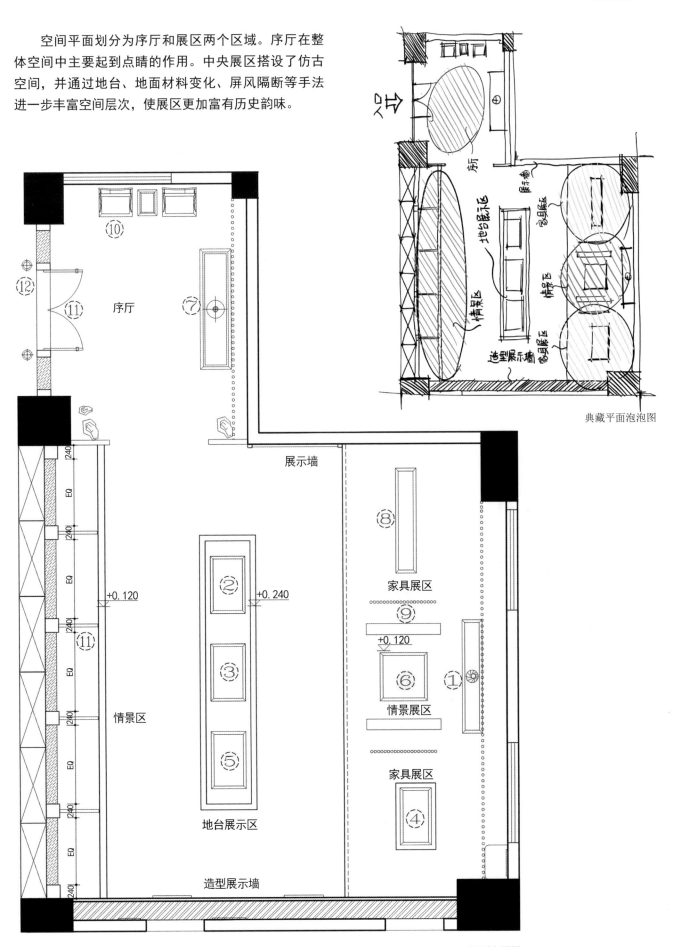

典藏平面泡泡图

平面布置图

材料以传统青砖瓦片为主，入口设计运用了竹材，并采用传统民居墙体与窗的砌筑手法进行装饰，增添了古朴的意境。青砖瓦片常给人以乡野之感，而竹，则是富有禅意的"君子"，清雅脱俗。粗犷朴实的青砖瓦片与清秀典雅的竹材相结合，进行点缀装饰，整体设计显得韵致清新古典。设计师巧妙利用竹材的形态进行陈列式摆放，将空间的意境直接传达给观者的视觉，使人产生身临其境之感。

草图手稿

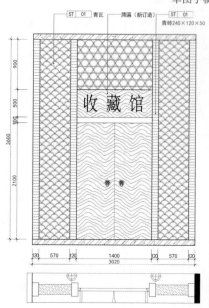

展厅入口

序厅 D 立面图

草图手稿

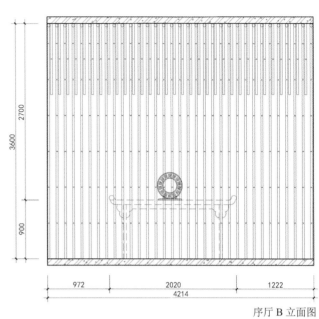

竹子是一种色泽极为淡雅的植物，具有独特的纹理，无论是弦纹还是切纹都极具美感，流畅而富有诗意。竹子的艺术表现力很强，在色泽、肌理、质感等方面，都有着其他材料无法比拟的优势。

序厅 B 立面图

序厅正面

施工前现场

施工过程

竹材拥有良好的物理性与力学性，是植物中合格的建筑材料。主材的顺纹抗拉强度可达200MPa，约为木材的2倍，单位量的抗拉强度约为钢材的3～4倍，而抗压强度则可达到74MPa，与水泥砖在同等级别。在本次设计中，局部的天花吊顶和门楼均采用了竹材，并采用传统手工工艺搭建而成。

明代
联二闷户橱

尺寸：长100cm，宽45cm，高80cm

闷户橱是一种由多抽屉和抽屉藏物品及庋置的家具，其兼
与承案相比，与一般案案同高，其上作品案使用，除案子所有的抽
屉，抽屉下还有可供庋藏的空间，叫做闷仓

此柜多放在北方生房，而又可采用，北方的最普遍，所以多叫二闷
橱，其二称为门橱，闷户橱，抽屉面板饰雕花心形纹，腿子及腿足之间饰
雕花纹，绕脚处两侧闷仓饰饰以日纹饰

Ming Dynasty.

Two close door cabinet.

Dimensions. Length 100cm, Width 45cm, High 80cm.

Close door cabinet is a kind of furniture which has double
functions of storing articles and placing articles. It is like a table.
Its height is as same as general table. The top surface can be
used for placing articles. The storage space under table drawer
is called the cabinet.

In ancient times, people usually take it as dowry. The widespread
use in the north. Because of the close door cabinet with two drawers,
so it can be called as two close door cabinet. The drawer panel use
plain carving with flower patterns for auspicious meaning. Its legs and
bilateral are decorated with Huhao and cloud pattern.

Three view drawing:

明代
联一闷户橱

尺寸：长60cm，宽45cm，高80cm

闷户橱是一种由多抽屉和抽屉藏物品及庋置的家具，其兼与承
案相比，与一般案案同高，其上作品案使用，除案子所有的抽屉，
抽屉下还有可供庋藏的空间，叫做闷仓

Ming Dynasty.

Two close door cabinet.

Dimensions. Length 60cm, Width 45cm, High 80cm.

Close door cabinet is a kind of furniture, which has double
functions of storing articles and placing articles. It is like a table.
Its height is as same as general table. The top surface can be
used for placing articles. The storage space under table drawer
is called the cabinet.

In ancient times, people usually take it as dowry. The widespread
use in the north. Because of the close door cabinet with two
drawers, so it can be called as a two close door cabinet. The drawer
panel use plain carving with flower patterns for auspicious meaning.
The north place located with the volume-glass guide. The upper
lower panel carved with beam-vermont patterns, lower carved plain
and quick patterns. Its production practiced with respect.

Three view drawing:

中国传统家产品收藏
Traditional Chinese style product collection

展厅展示区

展厅展示区

灯光用来活跃气氛。竹子本身就有一定的艺术造型，加入灯光，进行重点强调，立体发光的艺术形象会给观者留下更深的印象，同时也丰富了空间的层次。竹材颜色明亮，使青砖瓦片所营造的氛围不再单一，灯光的颜色呼应竹材的颜色，顶部的灯呼应地面的灯，从天花板下坠的细长的竹管呼应伫立在地面的粗短的竹管，这种处理不仅在视觉上显得协调统一，还给人以质朴、踏实的感觉。

这样的设计带给人的不单是视觉上的感受，还有心灵上的休憩。奢华并非就要金碧辉煌，简约的奢华更显气质、品位，设计师在设计过程中若能将设计元素运用得恰到好处，就能营造出精神和氛围上的奢华格调。

竹结构细节图

竹修虚影

项目名称：餐饮文化空间
项目地址：广州市海珠区万胜广场
设计时间：2017 年 12 月
项目规模：350m^2

　　在陌生的城市，人们总会思念曾经最熟悉的地方与事物。因对家乡味道的怀念，原本经营射箭馆的张生决定涉足餐饮行业，在与设计团队接洽沟通后，双方一起考察了广州与深圳的特色餐厅，反复地研究餐厅的消费人群、餐饮文化、设计动线、感官体验等，形成了设计方案。在竹修虚影餐饮文化空间里，你可以重拾家乡记忆，找回那些遗失在忙碌嘈杂中的记忆碎片。

区位图

童年的歌谣在耳边回荡，也总有一些味道可以跨越地域，为大众所喜爱。闻着过节时到处飘逸的卤鹅香味，仿佛回到了童年熟悉的那片土地。带着对味道的这份记忆、对家乡的浓浓眷恋，一群志同道合的人做着一件有滋有味的事情。

狮头鹅是中国大型鹅种，卤狮头鹅则是潮汕的有名的招牌。一锅用八角、桂皮、小茴香、香叶等十几种佐料熬成的卤水成就了狮头鹅，它肉质鲜嫩，汁水丰盈，香滑入味，肥而不腻……

在潮汕澄海出生的张生对狮头鹅再熟悉不过了，离开家乡做生意的他，品尝过各地的美食，最想念的还是家乡味道。他与几位好友毅然决然在广州租下了一间店面，希望通过自己团队的力量将狮头鹅带给每位期待享用到美味的食客。当然空有一腔热血还不够，餐厅的经营发展需要有长远的规划。

餐饮文化是民俗文化的重要组成部分，其发展与生活方式、地域文化、风俗习惯、意识形态和民族生产力水平等密切相关，因而形成了不同的形态、类型以及价值观。极为丰富的餐饮形态及类型有力地推动了餐饮文化空间设计的多元性、时空性、整体性发展，但文化内涵是餐饮文化空间设计的灵魂。

设计师运用现代设计手法还原朴素的乡土环境，青砖瓦片、粗糙的水泥、竹林碧水、淌水的鹅群、破旧的铁罩灯……当这些纯朴而带有场景感的元素被还原在一个空间里，就会唤起人们对乡土的记忆。在设计风格上，选择现代风格，竹的形式感极强，营造淳朴的环境。中式屏风给餐厅增加了东方味道，细腻的狮头鹅墙绘和谐地融入餐厅空间，起到画龙点睛的作用。

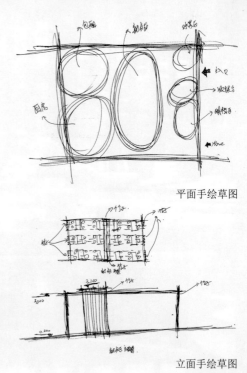

平面手绘草图

立面手绘草图

餐厅用餐区

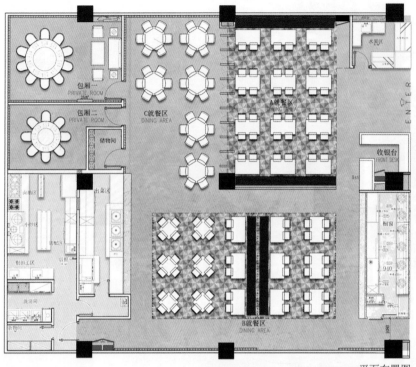

平面布置图

　　空间中大面积地运用竹材，形成了强烈的形式美感。餐区之间采用木格栅屏风作为隔挡，一方面起到遮挡作用，保证一定的私密性；另一方面则使空间虚实结合，区分近景和远景，增强空间的延伸感。

　　餐厅墙面运用文化墙，墙面上彩绘的鹅展翅欲飞，突出空间的"追鹅"主题。整个餐饮空间运用了暖色灯光，再搭配木色的家具，营造出家一般温馨与轻松的氛围。

餐厅用餐区

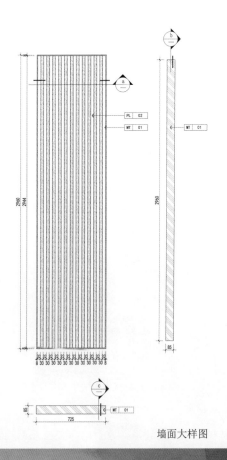

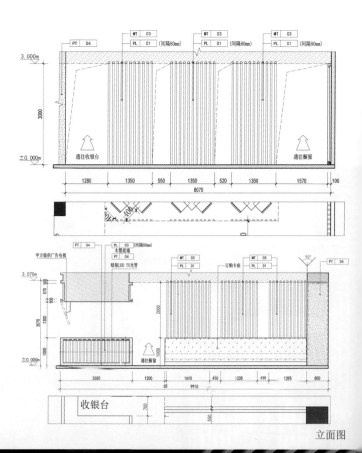

墙面大样图

立面图

餐厅用餐区

餐厅用餐区

餐厅用餐区

空间整体设计围绕着潮汕文化，着力唤起人们对于家乡的记忆。在空间的设计上，利用材料将设计主题表现得淋漓尽致。拱形青砖瓦片堆砌成的艺术墙、软装、灯具、家具等淳朴的设计元素悄悄地唤醒着人们对于家乡的记忆……

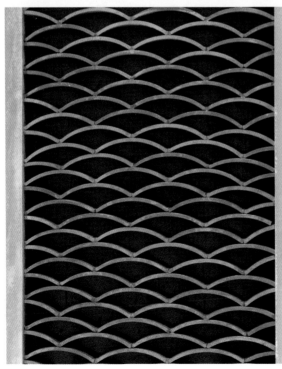

餐厅用餐区

参 考 文 献

[1] 肖庆. 构建公共文化空间:问题探源与理论思考 [M]. 武汉:华中师范大学出版社,2017.

[2] 黄建波,李静,李亚. 城市的文化空间与展演:旧曲新作与传统的挪用 [M]. 北京:中国社会出版社,2020.

[3] 周烨. 城市文化空间与"齿轮效应"[M]. 北京:经济管理出版社,2017.

[4] 周宪. 历史情境与文化空间 [M]. 北京:生活·读书·新知三联书店,2015.

[5] 设计家. 中国新文化空间设计 [M]. 天津:天津大学出版社,2011.

[6] 刘合林. 城市文化空间解读与利用:构建文化城市的新路径 [M]. 南京:东南大学出版社,2010.

[7] 刘朦. 景观艺术构形与文化空间之人类学研究 [M]. 北京:科学出版社,2020.

[8] 吴丽萍,张镱宸,周尚意. 城市商业文化空间的生产与再生产 [M]. 南京:东南大学出版社,2016.

[9] 王玲. 公共文化空间与城市博物馆旅游发展:以上海为例 [M]. 杭州:浙江大学出版社,2014.

[10] 胡安定. 多重文化空间中的鸳鸯蝴蝶派研究 [M]. 北京:中华书局,2013.

[11] 陈波,宋诗雨. 虚拟文化空间生产及其维度设计研究:基于列斐伏尔"空间生产"理论 [J]. 山东大学学报(哲学社会科学版),2021(1):35-43.

[12] 骆太均. 社区文化空间设计 [J]. 美术观察,2018(8):160.

[13] 申立,陆巍,王彬. 面向全球城市的上海文化空间规划编制的思考 [J]. 城市规划学刊,2016(3):63-70.

[14] 高媛. 消费语境下美术馆公共文化空间的转向 [J]. 美术观察,2022(3):70-71.

[15] 陈波,彭心睿. 虚拟文化空间场景维度及评价研究:以"云游博物馆"为例 [J]. 江汉论坛,2021(4):134-144.

[16] 江凌,强陆婷. 上海实体书店文化空间与城市文化的共生发展 [J]. 出版发行研究,2021(3):69-76.

[17] 傅才武. 文化空间营造:突破城市主题文化与多元文化生态环境的"悖论"[J]. 山东社会科学,2021(2):66-75.

[18] 高元,王树声,张琳捷. 城市文化空间及其规划研究进展与展望 [J]. 城市规划学刊,2019(6):43-49.

[19] 余丽蓉. 城市转型更新背景下的城市文化空间创新策略探究:基于场景理论的视角 [J]. 湖北社会科学,2019(11):56-62.

[20] 何盼盼,陈雅. 图书馆公共文化空间建设研究 [J]. 图书馆建设,2019(2):106-111,118.